国家出版基金项目
NATIONAL PUBLICATION FOUNDATION

“十四五”国家重点出版物出版规划项目

长江水生生物多样性研究丛书

长江外来水生生物

吴金明 李君轶 顾党恩 等 著

科学出版社 | 山东科学技术出版社
北 京 济 南

内 容 简 介

本书根据2017～2021年在长江干流、鄱阳湖、洞庭湖及长江主要支流开展的野外调查成果，并结合相关文献，对长江流域目前的外来水生生物物种进行了总结分析。全书共列出32种外来鱼类，以及外来水生植物、软体动物、两栖动物等共10种，并对每一种外来生物的生物学特征进行了文字描述，展示其原色活体照片，图示其在长江流域的分布格局，同时评估了外来水生生物的生态风险，并提出了管理对策。

本书可供从事水生生物研究的科研工作者、爱好环保的大众读者阅读参考。

审图号：GS京（2025）0370号

图书在版编目（CIP）数据

长江外来水生生物 / 吴金明等著. -- 北京：科学出版社，2025. 3.
（长江水生生物多样性研究丛书）. -- ISBN 978-7-03-081062-5

Ⅰ. Q178. 42

中国国家版本馆CIP数据核字第20255GF215号

责任编辑：王 静 朱 瑾 白 雪 陈 昕 徐睿璠 / 责任校对：胡小洁
责任印制：肖 兴 王 涛 / 封面设计：懒 河

科学出版社 和 山东科学技术出版社 联合出版
北京东黄城根北街16号
邮政编码：100717
http://www.sciencep.com
北京中科印刷有限公司印刷
科学出版社发行 各地新华书店经销
*
2025年3月第 一 版 开本：787×1092 1/16
2025年3月第一次印刷 印张：8 1/2
字数：218 000

定价：128.00元

（如有印装质量问题，我社负责调换）

“长江水生生物多样性研究丛书”
组织撰写单位

组织单位　中国水产科学研究院

牵头单位　中国水产科学研究院长江水产研究所

主要撰写单位

中国水产科学研究院长江水产研究所

中国水产科学研究院淡水渔业研究中心

中国水产科学研究院东海水产研究所

中国水产科学研究院资源与环境研究中心

中国水产科学研究院渔业工程研究所

中国水产科学研究院渔业机械仪器研究所

中国科学院水生生物研究所

中国科学院南京地理与湖泊研究所

中国科学院精密测量科学与技术创新研究院

水利部中国科学院水工程生态研究所

国家林业和草原局中南调查规划院

华中农业大学

西南大学

内江师范学院

江西省水产科学研究所

湖南省水产研究所

湖北省水产科学研究所

重庆市水产科学研究所

四川省农业科学院水产研究所

贵州省水产研究所

云南省渔业科学研究院

陕西省水产研究所

青海省渔业技术推广中心

九江市农业科学院水产研究所

其他资料提供及参加撰写单位

全国水产技术推广总站

中国水产科学研究院珠江水产研究所

中国科学院成都生物研究所

曲阜师范大学

河南省水产科学研究院

“长江水生生物多样性研究丛书”

编　委　会

《长江外来水生生物》

著者委员会

主　　任　吴金明　李君轶　顾党恩　张　辉　杜　浩　段辛斌

成　　员（按姓氏笔画排序）

万朝阳　王　娜　方　康　田辉伍　朱传亚　乔新美

仲　嘉　刘　旭　刘　源　刘志刚　刘明典　李　鑫

李鹏程　杨海乐　吴金平　冷小茜　沈　丽　张　晴

罗　江　周　琼　屈万民　胡　烨　柴　毅　高　雷

郭传波　董春燕　程佩琳　雷　欢　蕙　筠

序

长江，作为中华民族的母亲河，承载着数千年的文明，是华夏大地的血脉，更是中华民族发展进程中不可或缺的重要支撑。它奔腾不息，滋养着广袤的流域，孕育了无数生命，见证着历史的兴衰变迁。

然而，在时代发展进程中，受多种人类活动的长期影响，长江生态系统面临严峻挑战。生物多样性持续下降，水生生物生存空间不断被压缩，保护形势严峻。水域生态修复任务艰巨而复杂，不仅关乎长江自身生态平衡，更关系到国家生态安全大局及子孙后代的福祉。

党的十八大以来，以习近平同志为核心的党中央高瞻远瞩，对长江经济带生态环境保护工作作出了一系列高屋建瓴的重要指示，确立了长江流域生态环境保护的总方向和根本遵循。随着生态文明体制改革步伐的不断加快，一系列政策举措落地实施，为破解长江流域水生生物多样性下降这一世纪难题、全面提升生态保护的整体性与系统性水平创造了极为有利的历史契机。

为了切实将长江大保护的战略决策落到实处，农业农村部从全局高度统筹部署，精心设立了“长江渔业资源与环境调查（2017—2021）”项目（简称长江专项）。此次调查由中国水产科学研究院总牵头，由危起伟研究员担任项目首席专家，中国水产科学研究院长江水产研究所负责技术总协调，并联合流域内外24家科研院所和高校开展了一场规模宏大、系统全面的科学考察。长江专项针对长江流域重点水域的鱼类种类组成及分布、鱼类资源量、濒危鱼类、长江江豚、渔业生态环境、消落区、捕捞渔业和休闲渔业等8个关键专题，展开了深入细致的调查研究，力求全面掌握长江水生生态的现状与问题。

“长江水生生物多样性研究丛书”便是在这一重要背景下应运而生的。该丛书以长江专项的主要研究成果为核心，对长江水生生物多样性进行了深度梳理与分析，同时广泛吸纳了长江专项未涵盖的相关新近研究成果，包括长江流域分布的国家重点保护野生两栖类、爬行类动物及软体动物的生物学研究和濒危状况，以及长江水生生物管理等有关内容。该丛书包括《长江鱼类图鉴》《长江流域水生生物多样性及其现状》《长江国家重点保护水生野生动物》《长江流域渔业资源现状》《长江重要渔业水域环境现状》《长江流域消落区生态环境空间观测》《长江外来水生生物》《长江水生生物保护区》《赤水河水生生物与保护》《长江水生生物多样性管理》共 10 分册。

这套丛书全面覆盖了长江水生生物多样性及其保护的各个层面，堪称迄今为止有关长江水生生物多样性最为系统、全面的著作。它不仅为坚持保护优先和自然恢复为主的方针提供了科学依据，为强化完善保护修复措施提供了具体指导，更是全面加强长江水生生物保护工作的重要参考。通过这套丛书，人们能够更好地将“共抓大保护，不搞大开发”的要求落到实处，推动长江流域形成人与自然和谐共生的绿色发展新格局，助力长江流域生态保护事业迈向新的高度，实现生态、经济与社会的可持续发展。

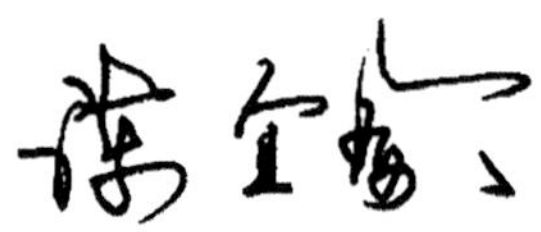

中国科学院院士：陈宜瑜

2025 年 2 月 20 日

前　言

长江是中华民族的母亲河，是我国第一、世界第三大河。长江流域生态系统孕育着独特的淡水生物多样性。作为东亚季风系统的重要地理单元，长江流域见证了渔猎文明与农耕文明的千年交融，其丰富的水生生物资源不仅为中华文明起源提供了生态支撑，更是维系区域经济社会可持续发展的重要基础。据初步估算，长江流域全生活史在水中完成的水生生物物种达4300种以上，涵盖哺乳类、鱼类、底栖动物、浮游生物及水生维管植物等类群，其中特有鱼类特别丰富。这一高度复杂的生态系统因其水文过程的时空异质性和水生生物类群的隐蔽性，长期面临监测技术不足与研究碎片化等挑战。

现存的两部奠基性专著——《长江鱼类》（1976 年）与《长江水系渔业资源》（1990 年）系统梳理了长江 206 种鱼类的分类体系、分布格局及区系特征，揭示了环境因子对鱼类群落结构的调控机制，并构建了 50 余种重要经济鱼类的生物学基础数据库。然而，受限于 20 世纪中后期的传统调查手段和以渔业资源为主的单一研究导向，这些成果已难以适应新时代长江生态保护的需求。

20 世纪中期以来，长江流域高强度的经济社会发展导致生态环境急剧恶化，渔业资源显著衰退。标志性物种白鱀豚、白鲟的灭绝，鲥的绝迹，以及长江水生生物完整性指数降至“无鱼”等级的严峻现状，迫使人类重新审视与长江的相处之道。2016 年 1 月 5 日，在重庆召开的推动长江经济带发展座谈会上，习近平总书记明确提出“共抓大保护，不搞大开发”，为长江生态治理指明方向。在此背景下，农业农村部于 2017 年启动“长江渔业资源与环境调查（2017—2021）”财政专项（以下简称长江专项），开启了长江水生生物系统性研究的新阶段。

长江专项联合 24 家科研院所和高校，组织近千名科技人员构建覆盖长江干流（唐古拉山脉河源至东海入海口）、8 条一级支流及洞庭湖和鄱阳湖的立体监测网络。采用 20km×20km 网格化站位与季节性同步观测相结合等方式，在全流域 65 个固定站位，开展了为期五年（2017～2021 年）的标准化调查。创新应用水声学探测、遥感监测、无人机航测等技术手段，首次建立长江流域生态环境本底数据库，结合水体地球化学技术解析水体环境时空异质性。长江专项累计采集 25 万条结构化数据，建立了数据平台和长江水生生物样本库，为进一步研究评估长江鱼类生物多样性提供关键支撑。

本丛书依托长江专项调查数据，由青年科研骨干深入系统解析，并在唐启升等院士专家的精心指导下，历时三年精心编集而成。研究深入揭示了长江水生生物栖息地的演变，获取了长江十年禁渔前期（2017～2020 年）长江水系水生生物类群时空分布与资源状况，重点解析了鱼类早期资源动态、濒危物种种群状况及保护策略。针对长江干流消落区这一特殊生态系统，提出了自然性丧失的量化评估方法，查清了严重衰退的现状并提出了修复路径。为提升成果的实用性，精心收录并厘定了 430 种长江鱼类信息，实拍 300 余种鱼类高清图片，补充收集了 130 种鱼类的珍贵图片，编纂完成了《长江鱼类图鉴》。同时，系统梳理了长江水生生物保护区建设、外来水生生物状况与入侵防控方案及珍稀濒危物种保护策略，为管理部门提供了多维度的决策参考。

《赤水河水生生物与保护》是本丛书唯一一本聚焦长江支流的分册。赤水河作为长江唯一未在干流建水电站的一级支流，于 2017 年率先实施全年禁渔，成为长江十年禁渔的先锋，对水生生物保护至关重要。此外，中国科学院水生生物研究所曹文宣院士团队历经近 30 年，在赤水河开展了系统深入的研究，形成了系列成果，为理解长江河流生态及生物多样性保护提供了宝贵资料。

本研究虽然取得重要进展，但仍存在监测时空分辨率不足、支流和湖泊监测网络不完善等局限性。值得欣慰的是，长江专项结题后农业农村部已建立常态化监测机制，组建“长江流域水生生物资源监测中心”及沿江省（市）监测网络，标志着长江生物多样性保护进入长效治理阶段。

在此，谨向长江专项全体项目组成员致以崇高敬意！特别感谢唐启升、陈宜瑜、朱作言、王浩、桂建芳和刘少军等院士对项目立项、实施和验收的学术指导，感谢张显良先生从论证规划到成果出版的全程支持，感谢刘英杰研究员、林祥明研究员、方辉研究员、刘永新研究员等在项目执行、方案制定、工作协调、数据整合与专著出版中的辛勤付出。衷心感谢农业农村部计划财务司、渔业渔政管理局、长江流域渔政监督管理办公室在“长江渔业资源与环境调查（2017—2021）”专项立项和组织实施过程中的大力指导，感谢中国水产科学研究院在项目谋划和组织实施过程中的大力指导和协助，感谢全国水产技术推广总站及沿江上海、江苏、浙江、安徽、江西、河南、湖北、湖南、重庆、四川、贵州、云南、陕西、甘肃、青海等省（市）渔业渔政主管部门的鼎力支持。最后感谢科学出版社编辑团队辛勤的编辑工作，方使本丛书得以付梓，为长江生态文明建设留存珍贵科学印记。

危起伟　研究员
中国水产科学研究院长江水产研究所

曹文宣　院士
中国科学院水生生物研究所

2025 年 2 月 12 日

前 言

实施“长江十年禁渔”是以习近平同志为核心的党中央为全局计、为子孙谋，从战略全局高度和长远发展角度作出的重大决策，对于保护生物多样性、修复水域生态功能、保障国家生态安全具有重大意义。目前，经过集中攻坚，禁捕退捕工作已取得重大阶段性成果，渔船退捕，渔民上岸，长江水生生物资源所面临的捕捞压力得到了释放。然而，由于经济贸易的发展，外来物种入侵已成为全球生态系统面临的最严重的生态和经济威胁之一，这一现状也得到了以习近平同志为核心的党中央的高度重视。《中华人民共和国生物安全法》的及时出台不仅表明了生物入侵防控工作的重要性，也对各级管理部门提出了新的更高要求。由于外来水生生物管理的错位，再加上生境的复杂性增加了研究和防控的难度，以河流生态系统为代表的水生生态系统已成为生物入侵的重灾区。因此，“长江十年禁渔”是一项保护生态环境的全方位、立体化工作，在“长江十年禁渔”持久战中，还应坚持底线思维、源头预防，强化制度建设、引种管理，不断健全防控体系，进一步提升外来物种入侵综合防控能力，推动《中华人民共和国长江保护法》和《中华人民共和国生物安全法》更好地贯彻实施。

长江流域频繁的人类活动和丰富多样的生境，为外来水生物种的入侵和定居提供了条件，根据近年来的调查数据，长江流域外来水生生物入侵形势比较严峻。外来水生生物种类多、分布广、来源复杂，部分入侵物种种群数量急速扩张，已对长江流域水生生物多样性保护和生态系统的稳定构成现实威胁。本书根据“长江渔业资源与环境调查（2017—2021）”结果，并结合相关的文献资料，对长江流域外来水生生物物种进行了梳理和评价。

本书共 4 章：第 1 章介绍了生物入侵的相关概念、外来水生生物的危害及外来水生生物的来源；第 2 章对长江外来水生生物的种类、分布和生态风险进行了介绍及分析；

第 3 章选择大口黑鲈、尼罗罗非鱼和食蚊鱼 3 种典型外来物种进行了潜在地理分布预测与评价；第 4 章对长江流域常见的外来水生生物按照鱼类、植物和其他动物进行了分种介绍。

由于本书涉及的物种较多，涵盖多个类群，受著者水平和相关资料获取条件限制，书中难免存在疏漏，敬请广大读者批评指正。

著　者

2024 年 8 月

目　录

第 1 章　绪论 …… 1

1.1　生物入侵相关概念 …… 2

1.2　外来水生生物的危害 …… 4

1.3　外来水生生物的来源 …… 5

参考文献 …… 6

第 2 章　长江外来水生生物及其生态风险 …… 9

2.1　长江外来水生生物概况 …… 10

2.2　长江外来鱼类生态风险评估 …… 13

参考文献 …… 19

第 3 章　典型外来鱼类潜在地理分布预测 …… 23

3.1　大口黑鲈 …… 24

3.2　尼罗罗非鱼 …… 31

3.3　食蚊鱼 …… 45

参考文献 …… 48

第 4 章　长江常见外来水生生物 …… 53

4.1　外来鱼类 …… 54

4.1.1　施氏鲟 …… 54

4.1.2　达乌尔鳇 …… 56

4.1.3　俄罗斯鲟 …… 57

4.1.4　西伯利亚鲟 …… 59

4.1.5　匙吻鲟 …… 60

4.1.6　杂交鲟 …… 62

4.1.7 尼罗罗非鱼 …… 65
4.1.8 奥利亚罗非鱼 …… 66
4.1.9 莫桑比克罗非鱼 …… 68
4.1.10 蟾胡子鲇 …… 69
4.1.11 革胡子鲇 …… 71
4.1.12 豹纹翼甲鲇 …… 72
4.1.13 斑点叉尾鮰 …… 73
4.1.14 云斑鮰 …… 75
4.1.15 眼斑雀鳝 …… 76
4.1.16 鲮 …… 78
4.1.17 麦瑞加拉鲮 …… 79
4.1.18 露斯塔野鲮 …… 81
4.1.19 短盖肥脂鲤 …… 82
4.1.20 食蚊鱼 …… 83
4.1.21 大口黑鲈 …… 85
4.1.22 梭鲈 …… 86
4.1.23 丁鲹 …… 88
4.1.24 广西副鱊 …… 89
4.1.25 大鳞鲃 …… 90
4.1.26 花鲈鲤 …… 92
4.1.27 三角鲤 …… 93
4.1.28 锦鲤 …… 95
4.1.29 须鲫 …… 96
4.1.30 北方鳅 …… 97
4.1.31 北方泥鳅 …… 99
4.1.32 散鳞镜鲤 …… 100
4.2 外来水生植物 …… 101
4.2.1 喜旱莲子草 …… 101
4.2.2 凤眼莲 …… 103
4.2.3 水盾草 …… 104
4.3 其他外来水生动物 …… 106
4.3.1 福寿螺 …… 106
4.3.2 克氏原螯虾 …… 107
4.3.3 罗氏沼虾 …… 109
4.3.4 非洲大蜗牛 …… 111
4.3.5 红耳彩龟 …… 112
4.3.6 拟鳄龟 …… 114
4.3.7 美洲牛蛙 …… 115
参考文献 …… 117

01

第 1 章　绪　论

1.1 生物入侵相关概念

随着全球经济一体化持续深入，世界各国和地区之间经济活动的相互依存、相互关联程度增强，许多物种有意或无意地被迁移到其自然分布及潜在扩散范围之外（万方浩等，2015）。19 世纪至今，全球范围内的新物种引进持续增加，这一趋势预计在未来几十年会继续维持（万方浩等，2015）。这些新物种的引进会引起生物入侵风险，这是全球生物多样性变化和下降的主要因素（Bellard et al.，2016），也是经济损失的重要因素（Haubrock et al.，2022）。生物入侵通常分为 5 个连续的阶段（图 1.1）（万方浩等，2015）：种群传入（introduction）、种群建立（population establishment）、潜伏期（latent time）、扩散（spread）、暴发（outbreak）。

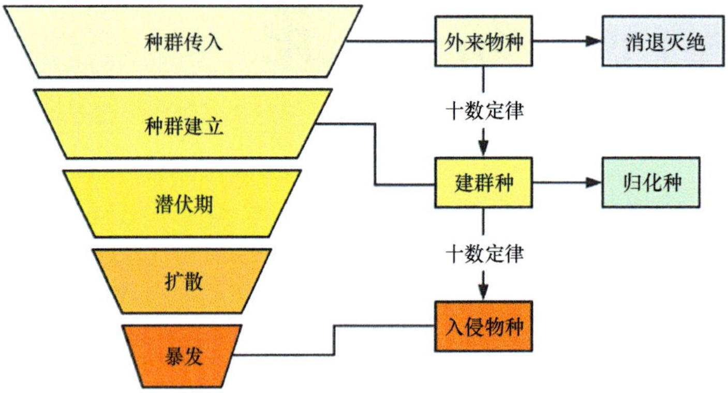

图 1.1　生物入侵过程示意图

本书依据 2012 年 1 月 1 日起实施的中华人民共和国国家环境保护标准《外来物种环境风险评估技术导则》（HJ 624—2011）和《入侵生物学》（万方浩等，2015）等相关书籍和参考文献对文中有关定义进行解释，也可参考《外来入侵物种管理办法》。

（1）本地种（indigenous species）：描述出现在其过去或现在的自然分布及潜在扩散范围以内的种、亚种或以下的分类单元。

（2）土著种（native species）：描述某一群落或生态系统中已存在的物种。

（3）外来物种（alien species，exotic species）：也称非本地种（non-native species，non-indigenous species），描述出现在其过去或现在的自然分布范围及潜在扩散范围以外的种、亚种或以下的分类单元，包括该物种所有可能存活繁殖的部分、配子或繁殖体。

（4）外来入侵物种（invasive alien species）：在当地的自然或半自然生态系统中形成了自我再生能力，可能或已经对生态环境、生产或生活造成明显损害或不利影响的外来物种。

（5）归化种（naturalized species）：已经融入本地动植物区系当中、参与当地生态过程且不再产生暴发性生态灾难的物种。通常是由于入侵时间长，导致生态再次平衡。

（6）风险评估（risk assessment）：为了决策的需要，以科学为基础对具有不确定性的事件或结果进行逻辑判断的过程。

（7）种群传入（introduction）：外来物种通过人类活动转移到其过去或现在的自然分布范围及潜在扩散范围以外地区的过程。

（8）有意引入（intentional introduction）：因农业生产、生态环境改造与恢复、景观美化、观赏及放生等目的，有意识地引进外来物种的过程。

（9）无意引入（unintentional introduction）：在贸易、运输和旅游等活动中，伴随物资和人员的流动非故意地引进外来物种的过程。

（10）种群建立（population establishment）：指外来物种在新栖息地成功繁殖可育的后代并且具有连续生存可能性的过程。

（11）潜伏期（latent time）：指入侵性外来物种从开始在新的环境里定居到种群开始快速增长和迅速扩大"占领区"之间的时间延迟期。

（12）扩散（spread）：外来物种从一个生境转移到另一个生境的过程。

（13）暴发（outbreak）：生物入侵过程的中级阶段，"暴发"是"扩散"的延续。外来物种入侵新栖息地后，经过一定时间的潜伏、适应和扩散，当种群数量积累扩张到一定程度，即达到暴发阶段，这也是生物入侵从量变到质变的过程。

（14）十数定律（Tens Rule）：描述入侵物种到达特定阶段的概率，约 10% 的外来物种能够成为建群种，约 10% 的建群种能成为入侵物种。这一定律的提出并不是试图用来预测某一特定入侵过程，而是传达外来生物能够最后成为入侵物种的比例是非常小的。

（15）繁殖体压力（propagule pressure）：衡量某一特定外来物种的种群基数及其与定殖成功概率大小的关系。繁殖体压力 = 传入次数 × 单次传入的平均数量，即全部传入次数的累计。

（16）生物多样性（biodiversity）：指所有来源的活的生物体中的变异性，这些来源包括陆地、海洋和其他水生生态系统及其所构成的生态综合体等，包含物种内部、物种之间和生态系统的多样性。

（17）生态危害（ecological hazard）：指外来入侵物种对生态系统的组成成分、结构和功能等所产生的不利影响。

（18）预防（prevention）：防止外来入侵物种风险事件的发生。

（19）监测（monitoring）：对外来入侵物种的种群及其危害对象进行连续的调查以掌握其生态危害的变化。

（20）控制（control）：运用化学、生物、人工、机械、生态替代和综合利用等措施抑制、封锁或根除外来入侵物种种群。

1.2 外来水生生物的危害

随着外来物种在全球的广泛分布，其入侵危害也得到了更多的关注和研究，外来鱼类的入侵危害一般包括生态和经济两个方面（Hooper et al.，2005；Molnar et al.，2008；Diagne et al.，2021）。在生态影响上，外来鱼类成功入侵后，可通过捕食与竞争、栖息地破坏、杂交、疾病传播等方式，改变当地水生生态系统的结构和功能，导致土著鱼类的资源量降低甚至灭绝，给水生生态系统带来严重的负面影响（郦珊等，2016）。在经济影响上，外来鱼类的危害主要体现在造成直接经济损失或导致间接防控成本增加。据统计，美国每年由入侵鱼类造成的直接经济损失为 54 亿美元，并且在治理外来物种和保护本地物种上需投入更高的成本（Pimentel et al.，2005），而外来鱼类在中国每年造成的经济损失高达 7390 万美元（Xiong et al.，2015）。表 1.1 列举了鱼类入侵的危害类型及相关案例。

表 1.1　鱼类入侵的影响

类型	影响形式	物种	入侵区域	影响	参考文献
生态影响	捕食和竞争	尼罗河尖吻鲈	维多利亚湖	捕食和竞争导致维多利亚湖 150 多种本地物种的灭绝，另外鲈鱼数量的增加导致更多的人类活动，进一步加剧了水体的富营养化	Simberloff et al.，2013
		鲢	密西西比河	对浮游动物捕食的竞争，导致上游土著鱼类的减少	Chick et al.，2020
	栖息地破坏	莫桑比克罗非鱼	南非	筑巢等挖掘行为导致河岸的坍塌，破坏水体结构，进而破坏当地土著鱼类的产卵场及影响水化学平衡	Russell et al.，2012
	杂交	鲤、鲫	欧洲	与鲫、鲤的杂交，导致欧洲本地鲫鱼种群数量的下降	Smartt，2007
	疾病传播	麦穗鱼	欧洲	携带的病原体对欧洲本地物种小赤梢鱼造成危害，导致该物种在全欧洲范围内濒危	Gozlan et al.，2005
经济影响	直接经济影响	尼罗罗非鱼、革胡子鲇等	珠江流域	外来鱼类进入天然水域，虽然提高了渔民的捕捞产量，但却导致当地渔民收入的减少	Xia et al.，2019
		云斑尖塘鳢	我国养殖水域	大量捕食虾苗，经常会导致养殖的南美白对虾数量急剧减少，从而导致养殖户收入降低	顾党恩，2020
	防控成本增加	七鳃鳗	五大湖流域	造成北美洲五大湖流域渔业和鲑鱼资源的崩溃，为控制七鳃鳗，美国和加拿大每年需花费 1500 万美元	Kolar and Lodge，2002

1.3 外来水生生物的来源

生活在水域生态系统中的鱼类，由于水域间的阻隔，一般难以通过自然扩散的方式到达新的生境，大多数的入侵都是人为有意或无意的引种造成的（郦珊等，2016）。鱼类的入侵途径主要有以下几种。

（1）水产养殖。出于养殖目的引种的外来鱼类，一般都具有环境适应能力强、生长繁殖速度快的特点，在引种后，往往会在大范围内推广。水产养殖水域一般与自然水域相连，或直接在天然水域中进行圈养，暴雨、洪水或是一些养殖事故的发生，可能会导致圈养设施中的外来鱼类逃逸到自然水域（顾党恩，2020）。例如，尼罗罗非鱼（*Oreochromis niloticus*）是全球引进范围最为广泛的水生物种之一，目前已被引入世界各地的热带和亚热带地区，用以水产养殖和改善捕捞业。通过养殖逃逸，尼罗罗非鱼现已进入多个地区的天然水域，并对当地的土著鱼类产生了严重危害（Canonico et al.，2005；Champneys et al.，2021）。除养殖逃逸外，养殖者的主动丢弃行为也促进了外来鱼类的入侵。水产养殖行业受市场价格影响较大，当养殖鱼类市场价格低廉或养殖效益不佳时，被弃养的外来物种在自然水域造成威胁的案例也屡见不鲜（胡隐昌等，2020）。

（2）水族观赏。全球观赏鱼贸易是一个价值数十亿美元的产业，进出口涉及至少125个国家，每年超7100亿个体随贸易转移，是外来鱼类进入新的地理区域的最重要媒介之一，目前在全球多个区域的自然水域都已监测到外来观赏鱼类的存在（Jones et al.，2022；Wood et al.，2022）。例如，鳄雀鳝（*Atractosteus spatula*）、巨骨舌鱼（*Arapaima gigas*）等大型观赏鱼类，在生长到较大体型时，一些圈养设施难以容纳，养殖者便会选择将其放生到天然水域（Saba et al.，2020），从而导致生物入侵的发生。近年来，在我国多地的池塘、湖泊等水域均发现了鳄雀鳝的踪影，在引起公众恐慌的同时，也造成了一定的经济损失。

（3）船舶运输。日益频繁的国际贸易往来、航运业的不断发展也促进了水生生物的传播，典型的例子有黑口新虾虎鱼（*Neogobius melanostomus*）随着船舶压舱水对北美洲和澳大利亚形成入侵（Schaeffer et al.，2005）。据统计，全球每年约有100亿t船舶压舱水的转移和置换，每年进入我国的压舱水超过3.5亿t，且这一数据还在以每年5%的速度上涨（笪靖，2016），因此需警惕航运业可能带来的外来物种入侵。另外渔业捕捞和水利工程也会导致水生物种的入侵，如修建河道导致七鳃鳗（*Lampetra japonicum*）入侵到北美洲五大湖流域（Lovell et al.，2006），给当地带来了严重的生态和经济损失。

（4）生物防控。一些鱼类由于其独特的食性或生物学特性，而被引入新的生境中参与环境调节。作为典型的入侵物种，食蚊鱼被认为具有控制蚊虫和疟疾传播的作用，常被投放至池塘、湖泊等水域，现已成为全球入侵范围最广的鱼类之一，除南极洲外全球各个地区都有食蚊鱼的踪影，给多地带来了严重的生态影响（严云志等，2009）。

（5）增殖放流。增殖放流作为养护水生生物资源、保护水域生态环境的重要手段之一，可以提高渔业资源量，创造经济效益，但也可能造成生物入侵的发生。在我国的广东地区，就有着放生外来鱼类尼罗罗非鱼的案例（叶宁等，2010）。目前，我国已做出明确规定，严禁在自然水域中增殖放流外来物种和杂交物种。

参考文献

笪靖 . 2016. 船舶压载水中有害水生物的处理技术研究 . 船舶工程 , 38: 120-123.

顾党恩 . 2020. 华南地区主要河流外来鱼类的分布格局及其影响因素 . 中国科学院大学博士学位论文 .

胡隐昌 , 董志国 , 郝向举 , 等 . 2020. 中国常见外来水生动植物图鉴 . 北京 : 中国农业出版社 .

郦珊 , 陈家宽 , 王小明 . 2016. 淡水鱼类入侵种的分布、入侵途径、机制与后果 . 生物多样性 , 24: 672-685.

孙欢欢 , 刘怡萱 , 洛桑 , 等 . 2022. 青藏高原外来鱼类入侵现状和防控措施探讨 . 环境生态学 , 4: 63-74.

万方浩 , 侯有明 , 蒋明星 . 2015. 入侵生物学 . 北京 : 科学出版社 .

严云志 , 陈毅峰 , 陶捐 . 2009. 食蚊鱼生态入侵的研究进展 . 生态学杂志 , 28: 950-958.

叶宁 , 杨峰 , 叶健欣 , 等 . 2010. 红树林海区鱼类资源增殖放流效果调查 . 吉首大学学报 , 31: 104-109.

Bellard C, Genovesi P, Jeschke J M. 2016. Global patterns in threats to vertebrates by biological invasions. Proceedings Biological Sciences, 283(1823): 20152454.

Canonico G C, Arthington A, McCrary J K, et al. 2005. The effects of introduced Tilapias on native biodiversity. Aquat Conserv, 15: 463-483.

Champneys T, Genner M J, Ioannou C C. 2021. Invasive Nile tilapia dominates a threatened indigenous Tilapia in competition over shelter. Hydrobiologia, 848: 3747-3762.

Chick J H, Gibson-Reinemer D K, Soeken-Gittinger L, et al. 2020. Invasive silver carp is empirically linked to declines of native sport fish in the upper Mississippi River system. Biol Invasions, 22: 723-734.

Diagne C, Leroy B, Vaissière A C, et al. 2021. High and rising economic costs of biological invasions worldwide. Nature, 592: 571-576.

Gozlan R E, St-Hilaire S, Feist S W, et al. 2005. Disease threat to European fish. Nature, 435: 1046.

Haubrock P J, Bernery C, Cuthbert R N, et al. 2022. Knowledge gaps in economic costs of invasive alien fish worldwide. Science of the Total Environment, 803: 149875.

Hooper D U, Chapin F S, Ewel J J, et al. 2005. Effects of biodiversity on ecosystem functioning: A consensus of current knowledge. Ecol Monogr, 75: 3-35.

Jones M, Alexander M E, Snellgrove D, et al. 2022. How should we monitor welfare in the ornamental fish trade? Rev Aquacult, 14: 770-790.

Kolar C S, Lodge D M. 2002. Ecological predictions and risk assessment for alien fishes in North America. Science, 298: 1233-1236.

Liu X, McGarrity M E, Bai C, et al. 2013. Ecological knowledge reduces religious release of invasive species. Ecosphere, 4: 1-12.

Lovell S J, Stone S F, Fernandez L. 2006. The economic impacts of aquatic invasive species: A review of the literature. Agric Resour Econ Re, 5: 195-208.

Molnar J L, Gamboa R L, Revenga C, et al. 2008. Assessing the global threat of invasive species to marine biodiversity. Front Ecol Environ, 6: 485-492.

Pimentel D, Zuniga R, Morrison D. 2005. Update on the environmental and economic costs associated with alien invasive species in the USA. Ecol Econ, 52: 273-288.

Russell D J, Thuesen P A, Thomson F E. 2012. A review of the biology, ecology, distribution and control of Mozambique Tilapia, *Oreochromis mossambicus* (Peters 1852) (Pisces: Cichlidae) with particular emphasis on invasive Australian populations. Rev Fish Biol Fisher, 22: 533-554.

Saba A O, Ismail A, Zulkifli S Z, et al. 2020. Species composition and invasion risks of alien ornamental freshwater fishes from pet stores in Klang Valley, Malaysia. Sci Rep-Uk, 10: 1-13.

Schaeffer J S, Bowen A, Thomas M, et al. 2005. Invasion history, proliferation, and offshore diet of the round goby *Neogobius melanostomus* in Western Lake Huron, USA. J Great Lakes Res, 31: 414-425.

Simberloff D, Martin J, Genovesi P, et al. 2013. Impacts of biological invasions: What's what and the way forward. Trends Ecol Evol, 28: 58-66.

Smartt J. 2007. A possible genetic basis for species replacement: Preliminary results of interspecific hybridisation between native crucian carp *Carassius carassius* and introduced goldfish *Carassius auratus*. Aquat Invasions, 2: 59-62.

Wood L E, Guilder J, Brennan M L, et al. 2022. Biosecurity and the ornamental fish trade: A stakeholder perspective in England. J Fish Biol, 100: 352-365.

Xia Y, Zhao W, Xie Y, et al. 2019. Ecological and economic impacts of exotic fish species on fisheries in the Pearl River basin. Manag Biol Invasion, 10: 127-138.

Xiong W, Sui X, Liang S H, Chen Y. 2015. Non-native freshwater fish species in China. Rev Fish Biol Fisher, 25: 651-687.

02

第2章

长江外来水生生物及其生态风险

2.1 长江外来水生生物概况

本研究通过野外调查和文献调研统计已出现在长江流域自然水域的外来鱼类。结果显示，长江流域现有外来鱼类 40 种，隶属 8 目 16 科 30 属（表 2.1），其中鲤形目数量最多（17 种），占总外来鱼类的 42.5%，其次为鲇形目（7 种，占 17.5%），另外鲟形目 6 种（15.0%），鲈形目 5 种（12.5%），脂鲤目 2 种（5.0%），鲱形目、胡瓜鱼目和雀鳝目各 1 种（2.5%）（图 2.1）。

表 2.1　长江流域外来鱼类名录

目	科	属	种
鲟形目 Acipenseriformes	鲟科 Acipenseridae	鲟属 *Acipenser*	俄罗斯鲟 *Acipenser gueldenstaedtii*
			* 施氏鲟 *Acipenser schrenckii*
			西伯利亚鲟 *Acipenser baerii*
		鳇属 *Huso*	达乌尔鳇 *Huso dauricus*
			* 杂交鲟
	匙吻鲟科 Polyodontidae	匙吻鲟属 *Polyodon*	匙吻鲟 *Polyodon spathula*
鲤形目 Cypriniformes	鲤科 Cyprinidae	大吻鳄属 *Rhynchocypris*	* 拉氏大吻鳄 *Rhynchocypris lagowskii*
		丁鳄属 *Tinca*	* 丁鳄 *Tinca tinca*
		拟鳌属 *Pseudohemiculter*	* 南方拟鳌 *Pseudohemiculter dispar*
		鲂属 *Megalobrama*	* 三角鲂 *Megalobrama terminalis*
		亮鲃属 *Luciobarbus*	* 大鳞鲃 *Luciobarbus capito*
		鲈鲤属 *Percocypris*	* 花鲈鲤 *Percocypris regani*
		鲮属 *Cirrhinus*	* 鲮 *Cirrhinus molitorella*

续表

目	科	属	种
鲤形目 Cypriniformes	鲤科 Cyprinidae	鲮属 *Cirrhinus*	* 麦瑞加拉鲮 *Cirrhinus mrigala*
		野鲮属 *Labeo*	* 露斯塔野鲮 *Labeo rohita*
		副鱊属 *Acheilognathus*	广西副鱊 *Acheilognathus meridianus*
		鲤属 *Cyprinus*	* 散鳞镜鲤 *Cyprinus carpio* var. *specularis*
			* 三角鲤 *Cyprinus multitaeniatus*
			* 锦鲤 *Cyprinus carpio* var. *haematopterus*
		须鲫属 *Carassioides*	* 须鲫 *Carassioides cantonensis*
	鳅科 Cobitidae	花鳅属 *Cobitis*	* 北方鳅 *Cobitis sibirica*
		泥鳅属 *Misgurnus*	* 北方泥鳅 *Misgurnus mohoity*
	胭脂鱼科 Catostomidae	牛胭脂鱼属 *Ictiobus*	大口胭脂鱼 *Ictiobus cyprinellus*
脂鲤目 Characiformes	脂鲤科 Characidae	肥脂鲤属 *Piaractus*	* 短盖肥脂鲤 *Piaractus brachypomus*
		锯脂鲤属 *Pygocentrus*	红腹锯鲑脂鲤 *Pygocentrus nattereri*
鲇形目 Siluriformes	骨甲鲇科 Loricariidae	翼甲鲇属 *Hypostomus*	* 豹纹翼甲鲇 *Hypostomus plecostomus*
	胡子鲇科 Clariidae	胡子鲇属 *Clarias*	* 蟾胡子鲇 *Clarias batrachus*
			* 革胡子鲇 *Clarias gariepinus*
	鮰科 Ictaluridae	真鮰属 *Ictalurus*	* 斑点叉尾鮰 *Ictalurus punctatus*
		鮰属 *Ameiurus*	* 云斑鮰 *Ameiurus nebulosus*
			黑鮰 *Ameiurus melas*

续表

目	科	属	种
鲇形目 Siluriformes	油鲇科 Pimelodidae	护头鲿属 *Phractocephalus*	红尾护头鲿 *Phractocephalus hemioliopterus*
鲈形目 Perciformes	丽鱼科 Cichlidae	口孵罗非鱼属 *Oreochromis*	* 尼罗罗非鱼 *Oreochromis niloticus*
			* 莫桑比克罗非鱼 *Oreochromis mossambicus*
			奥利亚罗非鱼 *Oreochromis aureus*
	太阳鱼科 Centrarchidae	黑鲈属 *Micropterus*	* 大口黑鲈 *Micropterus salmoides*
	鲈科 Percidae	梭鲈属 *Lucioperca*	* 梭鲈 *Lucioperca lucioperca*
胡瓜鱼目 Osmeriformes	银鱼科 Salangidae	白肌银鱼属 *Leucosoma*	白肌银鱼 *Leucosoma chinensis*
鳉形目 Cyprinodontiformes	胎鳉科 Poeciliidae	食蚊鱼属 *Gambusia*	* 食蚊鱼 *Gambusia affinis*
雀鳝目 Lepisosteiformes	雀鳝科 Lepisosteidae	雀鳝属 *Lepisosteus*	眼斑雀鳝 *Lepisosteus oculatus*

注：本书统计的是在长江流域天然水域中已有出现记录的外来鱼类，其中带 * 的为通过野外调查发现的外来鱼类，其他的鱼类为通过文献调研发现

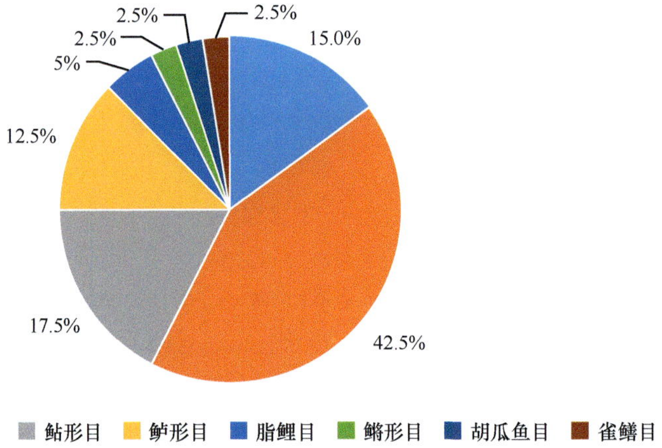

图 2.1 长江流域外来鱼类分类情况

相比于国内外其他流域（表 2.2），长江流域天然水域现存外来鱼类种类较多。珠江流域和雅鲁藏布江流域是目前国内遭受外来鱼类入侵较严重的区域。相比之下，长江流域外来鱼类种类更多，这也意味着更高的潜在风险。当前暂未有研究表明外来鱼类对长江流域土著鱼类、经济或生态安全产生明显的负面影响，这可能源于生态系统对生物入侵的抵

抗力。并非所有外来物种都会形成生物入侵，根据“物种多样性阻抗假说”，在多样化的群落中，生态位空间将受到限制，因此这些群落将会对外来物种的入侵具有更大的生物抗性（Beaury et al.，2020）。例如，Gu 等（2023）在对我国南方 5 条主要河流的调查研究中发现，外来鱼类的生物量随着土著鱼类丰富度的增加而显著降低，土著鱼类多样性在一定程度上可以限制外来鱼类的生物量、栖息地选择及繁殖。

表 2.2　各流域外来鱼类统计表

流域	种类	外来鱼类	影响	参考文献
长江流域	40	食蚊鱼、尼罗罗非鱼、大口黑鲈、莫桑比克罗非鱼、革胡子鲇、蟾胡子鲇等		
黄河流域	19	革胡子鲇、梭鲈、虹鳟、尼罗罗非鱼等		Jiang et al.，2021
珠江流域	23	尼罗罗非鱼、革胡子鲇，齐氏罗非鱼、豹纹翼甲鲇、麦瑞加拉鲮、条纹鲮脂鲤、马拉瓜丽体鱼、伽利略罗非鱼、露斯塔野鲮、斑点叉尾鮰等	罗非鱼、革胡子鲇、豹纹翼甲鲇、麦瑞加拉鲮已建立自然种群，其中罗非鱼通过大量摄食水草，严重影响水生态修复工程的进度和质量，大量的外来鱼类进入天然水域后，也被证实对捕捞业造成了经济损失	Xia et al.，2019 顾党恩，2020
辽河流域	9	青鱼、大口黑鲈、丁鱥、镜鲤等		Zhao et al.，2019
雅鲁藏布江流域	15	鲤、鲫、小黄黝鱼、麦穗鱼、棒花鱼、草鱼、鲢、鳙等	麦穗鱼、鲫等与本地裂腹鱼类争夺生存空间，小黄黝鱼捕食土著鱼类的鱼卵和幼鱼	丁慧萍等，2022
五大湖流域（北美洲）	48	七鳃鳗、鲤、草鱼、褐鳟等	鱼类的入侵造成纽约州运河和哈德逊河休闲渔业损失及防控成本高达 4 亿美元	Pimentel，2005 Campbell and Mandrak，2021
多瑙河（欧洲）	20	草鱼、鲢、鲫等	草鱼的引进导致水生态系统中水草的消失，大幅减少了植食性鱼类的产卵区	Zorić et al.，2014

注：空白格表示无信息

虽然外来鱼类暂未产生危害，但食蚊鱼、豹纹翼甲鲇、大口黑鲈、莫桑比克罗非鱼等典型入侵物种都已进入长江流域天然水域，未来可能造成严重的环境问题。因此，应重视外来鱼类的潜在风险，积极开展风险评估工作，吸取其他地区防控鱼类入侵的经验。

2.2 长江外来鱼类生态风险评估

过分地高估或低估外来鱼类的生态风险，既会阻碍我国水产养殖和水族贸易行业的发展，也不利于我国的生态健康。外来鱼类是我国渔业发展的重要组成部分，在巨大的经济效益面前，往往会忽视其生态风险。因此，科学地评估外来鱼类的风险等级，能够为管理外来鱼类提供理论依据，更有利于我国渔业健康发展。

开展风险评估是为了预测外来物种入侵的风险，以便相关部门制定预防和控制生物入侵的措施，起到早期预警的效果。生物入侵的早期预警是指对可能入侵或已入侵的外来物种进行一系列的综合评估（包括生物学特性、生物地理学特征、扩散与传播行为、为害方式和为害生物的重要性、处理措施及其措施的有效性等），预测其发生危害的可能性、危害的范围和程度，根据评估结果制定相关可行的措施，从而在最大程度上规避可能造成的损失（万方浩等，2015）。本章采用外来水生生物风险筛选工具（Aquatic Species Invasiveness Screening Kit，AS-ISK）对长江流域外来鱼类的风险进行评估，其结果可为管理者制定相关措施提供理论基础和参考数据，对保护长江流域生态安全和生物多样性、促进可持续发展具有重要意义。

AS-ISK 是 Copp 等（2016）开发的一套外来物种风险评估工具，适用于几乎所有气候区和所有水生动植物的风险评估。利用该工具对全球 195 个地区的 819 种水生生物进行评估的结果表明，AS-ISK 在评估水生生物入侵风险上具有良好的效果（Vilizzi et al.，2021）。该工具可在网络上免费下载。

利用 AS-ISK 对外来鱼类进行评估时，主要采用“全面搜索（horizon scan）”的方法，通过收集文献资料来综合评估外来物种的入侵风险，评估者只需要具有相关类群物种的生物学和生态学知识背景，即可开展评估工作（韦慧等，2022）。AS-ISK 是一个由 55 个问题组成的问卷评分系统，前 49 个问题为基础风险评估（basic risk assessment，BRA），涉及评估对象的生物学、生物地理学及生态学信息等方面；后 6 个问题为气候变化评估（climate change assessment，CCA），主要内容为预测评估区域未来气候变化对被评估生物入侵风险的潜在影响。AS-ISK 入侵风险评估结果包括基础风险得分（BRA，得分范围：−20～68）和综合得分（BRA+CCA，得分范围：−32～80）。

根据物种在全球其他地区的入侵情况，判断外来鱼类的入侵先验性（分为入侵种和非入侵种），通过由受试者操作特征（receiver operating characteristic，ROC）曲线分析得到的曲线下面积（area under the curve，AUC）来判断评估结果的准确性，AUC 值越趋近 1 代表评估方法对外来鱼类入侵性的判别能力越高。使用约登指数（Youden index）确定风险阈值以区分中风险物种与高风险物种，当评估分数小于 1 时，判断该物种为低风险；当分数在 1 和风险阈值之间时，判断该物种为中风险；当评估分数大于风险阈值时，该物种被划分为高风险（Ruykys et al.，2021）。此外，AS-ISK 要求评估者对每个问题的回答结果进行置信度评估，总共分为 4 个置信级别（confidence level，CL）：低 =1、中 =2、高 =3、非常高 =4。根据每个回答的置信级别计算置信因子，计算公式如下：

$$CF=\sum_{i=1}^{55}(CL_{Qi})/4\times55$$

式中，CF 代表置信因子（confidence factor）；CL 代表置信级别；CL_{Qi} 代表第 i 个问题的置信级别。所有统计均在 IBM SPSS Statistics 24 中完成。

物种的生物学、生物地理学和生态学信息是开展风险评估的基础及参考，可在中国知网（CNKI）和 Web of Science 文献数据库及 FishBase（https://www.fishbase.de/）、全球入侵生物数据库（http://www.iucngisd.org/gisd/）、国际农业与生物科学中心（https://www.cabi.org/ISC/）等与外来物种相关的网站中搜索物种名称，辅以相关书籍资料，如李家乐等（2007）的《中国外来水生动植物》、胡隐昌等（2020）的《中国常见外来水生动植物图鉴》。可收集的资料信息包括：在其他地区是否为入侵种、物种的地理来源、原生地气候、引入地、引入目的、入侵历史、体型、食性、性成熟年龄、繁殖方式、繁殖量、繁殖体特性、环境耐受性（水温、溶氧、盐度等）、生活水层、游泳能力、在其他地区造成的生态危害等。

评估结果显示，38 种外来鱼类在长江流域的 BRA 分数范围为 −7～38.5，中风险和高风险的分数阈值为 14.5，ROC 曲线的 AUC 值为 0.975；在考虑气候变化因素后，BRA+CCA 分数范围为 −9～47，风险阈值为 18.5，AUC 值为 0.951。从 AUC 值来看，这一结果能够很好地判断外来鱼类在长江流域的入侵风险（表 2.3）。BRA 评估分数的平均置信因子为 0.73±0.028，BRA+CCA 评估分数的平均置信因子为 0.71±0.027，说明评估结果的可信度为中上水平。

表 2.3 基于外来水生生物风险筛选工具的长江流域外来鱼类入侵风险等级

物种	评估结果				置信度		
	BRA	风险等级	BRA+CCA	风险等级	BRA+CCA	BRA	CCA
俄罗斯鲟 *Acipenser gueldenstaedtii*	0.0	低	−8.0	低	0.71	0.74	0.50
施氏鲟 *Acipenser schrenckii*	−1.0	低	−9.0	低	0.69	0.71	0.50
杂交鲟	1.0	低	−7.0	低	0.69	0.71	0.50
匙吻鲟 *Polyodon spathula*	−7.0	低	−7.0	低	0.74	0.77	0.50
拉氏大吻鳄 *Rhynchocypris lagowskii*	−1.0	低	−9.0	低	0.71	0.73	0.50
* 丁鲅 *Tinca tinca*	18.5	高	26.5	高	0.68	0.70	0.50
南方拟鳘 *Pseudohemiculter dispar*	−2.0	低	−2.0	低	0.74	0.77	0.50
三角鲂 *Megalobrama terminalis*	12.0	中	18.0	中	0.72	0.74	0.58
大鳞鲃 *Luciobarbus capito*	10.0	中	18.0	中	0.71	0.74	0.50
花鲈鲤 *Percocypris regani*	0.0	低	0.0	低	0.70	0.72	0.50
鲮 *Cirrhinus molitorella*	13.0	中	13.0	中	0.71	0.73	0.58
* 麦瑞加拉鲮 *Cirrhinus mrigala*	24.5	高	30.5	高	0.71	0.74	0.50
露斯塔野鲮 *Labeo rohita*	20.5	高	28.5	高	0.71	0.73	0.50
* 散鳞镜鲤 *Cyprinus carpio* var. *specularis*	19.5	高	27.5	高	0.70	0.72	0.50
三角鲤 *Cyprinus multitaeniatus*	0.0	低	8.0	中	0.70	0.72	0.50
* 锦鲤 *Cyprinus carpio* var. *haematopterus*	22.5	高	22.5	高	0.72	0.74	0.50
须鲫 *Carassioides cantonensis*	−3.0	低	5.0	中	0.73	0.76	0.50
北方须鳅 *Barbatula nuda*	−5.0	低	−11.0	低	0.70	0.72	0.50

续表

物种	评估结果				置信度		
	BRA	风险等级	BRA+CCA	风险等级	BRA+CCA	BRA	CCA
北方鳅 *Cobitis sibirica*	−1.0	低	−9.0	低	0.69	0.71	0.50
北方泥鳅 *Misgurnus mohoity*	1.0	低	−7.0	低	0.69	0.71	0.50
大口胭脂鱼 *Ictiobus cyprinellus*	18.0	高	26.0	高	0.68	0.70	0.50
* 短盖肥脂鲤 *Piaractus brachypomus*	15.0	高	23.0	高	0.67	0.69	0.50
* 红腹锯鲑脂鲤 *Pygocentrus nattereri*	11.0	中	19.0	高	0.67	0.69	0.50
* 豹纹翼甲鲇 *Hypostomus plecostomus*	37.0	高	47.0	高	0.74	0.78	0.46
* 蟾胡子鲇 *Clarias batrachus*	28.0	高	36.0	高	0.70	0.72	0.50
* 革胡子鲇 *Clarias gariepinus*	30.0	高	40.0	高	0.70	0.72	0.46
* 斑点叉尾鮰 *Ictalurus punctatus*	25.5	高	31.5	高	0.71	0.73	0.58
* 云斑鮰 *Ameiurus nebulosus*	23.5	高	31.5	高	0.69	0.71	0.50
黑鮰 *Ameiurus melas*	14.0	中	22.0	高	0.73	0.76	0.50
红尾护头鲿 *Phractocephalus hemioliopterus*	10.0	中	18.0	中	0.72	0.74	0.50
* 尼罗罗非鱼 *Oreochromis niloticus*	37.0	高	43.0	高	0.76	0.78	0.58
* 莫桑比克罗非鱼 *Oreochromis mossambicus*	35.0	高	41.0	高	0.75	0.77	0.58
* 奥利亚罗非鱼 *Oreochromis aureus*	27.0	高	35.0	高	0.70	0.73	0.50
* 大口黑鲈 *Micropterus salmoides*	36.0	高	42.0	高	0.76	0.74	0.58
* 梭鲈 *Lucioperca lucioperca*	21.0	高	13.0	中	0.72	0.74	0.50
白肌银鱼 *Leucosoma chinensis*	−3.0	低	−3.0	低	0.66	0.68	0.50
* 食蚊鱼 *Gambusia affinis*	38.5	高	44.5	高	0.79	0.82	0.58
* 眼斑雀鳝 *Lepisosteus oculatus*	23.0	高	23.0	高	0.70	0.72	0.50

注：带 * 的鱼类在长江流域以外地区为入侵物种

研究结果的 BRA 和 BRA+CCA 阈值分别为 14.5 和 18.5，这一数值接近开发者 Vilizzi 等（2021）提出的全球通用风险阈值（BRA 为 14.7、BRA+CCA 为 17.7），且与韦慧等（2022）在评估外来观赏鱼类在我国南部生态区的入侵风险结果（BRA 为 14，BRA+CCA 为 21.5）接近，这在一定程度上表明本研究的结果趋近于整体研究的平均水平。

根据 BRA 的风险阈值，长江流域有高风险等级外来鱼类 19 种，按评估分数依次为食蚊鱼、豹纹翼甲鲇、尼罗罗非鱼、大口黑鲈、莫桑比克罗非鱼、革胡子鲇、蟾胡子鲇、奥利亚罗非鱼、斑点叉尾鮰、麦瑞加拉鲮、云斑鮰、眼斑雀鳝、锦鲤、梭鲈、露斯塔野鲮、散鳞镜鲤、丁鲹、大口胭脂鱼、短盖肥脂鲤。中风险等级鱼类 6 种，包括黑鮰、鲮、三角鲂、红腹锯鲑脂鲤、大鳞鲃、红尾护头鲿。低风险鱼类 13 种，包括杂交鲟、北方泥鳅、俄罗斯鲟、花鲈鲤、三角鲤、施氏鲟、拉氏大吻鲹、北方鳅、南方拟鳘、须鲫、白肌银鱼、北方须鳅、匙吻鲟。19 种高风险鱼类全部来源于国外，其中食蚊鱼为生物防治引进种，豹纹翼甲鲇、眼斑雀鳝和锦鲤为观赏鱼类，其余全部为水产养殖引进种。

根据BRA+CCA分数阈值，在考虑气候变化可能对外来鱼类入侵风险产生的影响后，有24种（63%）外来鱼类的风险评分升高。三角鲤和须鲫由低风险转为高风险，红腹锯鲑脂鲤和黑鮰由中风险转为高风险，而梭鲈的风险等级由高风险降为中风险。除眼斑雀鳝、锦鲤和梭鲈外，其余16种高风险鱼类的风险评估分数整体升高，平均升高分数为7.5分。

从评估结果来看，长江流域具有较多的“高风险鱼类”（19种），这似乎与人们的主观印象不符，更像是高估了外来鱼类的风险，因为当前的研究暂未发现外来鱼类在长江流域造成明显的生态影响。这一评估结果，可能与AS-ISK保守的评估策略有关，参考AS-ISK的全球评估案例可以发现，往往较多的外来物种会被划分为“高风险等级”，如Clarke等（2020）应用AS-ISK对已存在于波斯湾东北部的56种外来鱼类进行评估，其中36种被划分为“高风险”鱼类；Ruykys等（2021）对越南地区的30种非本地物种的评估中，也有25个物种被判断为高风险。

AS-ISK在评估我国外来鱼类入侵风险上有着较为良好的效果。AS-ISK自2016年开发后，已在多个国家被应用于评估外来水生动植物。在本研究之前，该工具已被应用于我国雅鲁藏布江流域、海河流域及珠江流域的外来鱼类评估（Li et al.，2022；李雪健等，2021；Gu et al.2022），结果表明该工具可在风险评估区域可靠地区分入侵性和非入侵性物种。李雪健等（2021）在对海河流域外来鱼类的入侵风险评估中，对比了AS-ISK与国内的鱼类入侵风险评估体系（窦寅等，2011），两种工具在评估结果上具有较高的一致性，但AS-ISK具备更明确的评估指标，并且在操作上也更为简单。相比于其他风险等级评估方法，AS-ISK作为一个完整的工具包，较全面地涉及了有关鱼类入侵的多个方面，包括鱼类的生物学特征、外来鱼类的入侵途径、评估区域的可入侵性等，可以较为准确且便捷地量化外来鱼类的生态风险。目前我国尚缺乏统一的外来水生生物风险评估工具，未来可用AS-ISK评估其他流域外来鱼类的风险等级，进一步检验该工具在我国的适用性，并为制定外来鱼类防控策略提供参考。

评估结果显示，具有入侵历史或有意引入的外来鱼类具有更高的风险等级，主要是其入侵性特征（较高的环境耐受性、有产生危害的报道、更多的入侵途径等）导致了其评估分数较高。食蚊鱼具有最高的BRA分数，这主要是由于其具有较强的环境耐受能力，且已在全球多个地区造成危害。来自北美洲的食蚊鱼，一直被认为具有防控蚊虫、控制疟疾的作用，因此在全球范围内被广泛引种，现已分布于除南极洲外的所有大陆。食蚊鱼食性杂、适应能力强，有研究表明，该鱼类在0～45℃的水温范围内均可存活（Pyke，2005），这些因素为食蚊鱼的高风险评估分数提供了参考依据。

尼罗罗非鱼、大口黑鲈、莫桑比克罗非鱼、革胡子鲇等养殖鱼类也取得了很高的BRA分数。水产养殖的引种，出于经济效益的考量，一般会选择生长繁殖速度快且抗病能力强的物种。这些鱼类均来源于热带或亚热带地区，具有良好的温度耐受能力，并且目前在长江流域有一定的养殖规模，可能通过养殖逃逸和人为丢弃的渠道进入天然水域，在进入天然水域后，可能通过抢夺食物、竞争生存空间的方式，导致长江流域土著鱼类多样性的下降（胡隐昌等，2020）。例如，尼罗罗非鱼作为全球引种范围最广的养殖鱼类之一，已在多个地区的天然水域建立种群，研究表明，尼罗罗非鱼的入侵已严重破坏我国珠江流域土著鱼类的相对密度和体系（Shuai et al.，2019）。同样，革胡子鲇的入侵也已对多个地区造成经济或生态的影响。例如，革胡子鲇入侵到孟加拉国后，通过杂交对当地土著鱼类蟾胡子鲇（*Clarias batrachus*）造成了严重的遗传侵蚀，现孟加拉国已全面禁止革胡子鲇的养殖（Parvez et al.，2022）。因此应加强对养殖场的管理，避免养殖过程中可能发生的逃逸和人为丢弃问题。

豹纹翼甲鲇、眼斑雀鳝、锦鲤等观赏鱼类同样具有较高的风险等级，观赏鱼类常常通过人为放生的途径进入天然水域，Pound 等（2011）研究表明，豹纹翼甲鲇的入侵后，会与本地植食性鱼类竞争食物，而 Ruykys 等（2021）运用 AS-ISK 对越南的非本地水生物种进行评估，结果也显示豹纹翼甲鲇具有最高的风险分数。出现在天然水域的雀鳝，常在我国引起高度的社会关注，徐猛等（2021）通过功能反应方法评估了眼斑雀鳝的生态影响，相比于本地斑鳢，眼斑雀鳝具有更高的生长率，进入天然水域后，若不加以监管，将可能造成严重的生态危害。因此，应制定相关措施，避免观赏鱼类在水族贸易或个人养殖过程中的泄露。

未来气候变化可能导致外来鱼类的整体风险升高，需得到充分重视。BRA+CCA 结果显示，在考虑未来气候变化的情况下，除眼斑雀鳝、锦鲤和梭鲈外，其余 16 种高风险鱼类的风险评估分数平均升高 7.5 分。目前几乎所有的气候模型都预测未来气温将会升高，降水量将呈现大幅度变化。例如，根据联合国政府间气候变化专门委员会（IPCC）的预测（Stocker et al.，2013），到 2081～2100 年，长江流域气温将升高 1.5℃左右，而我国降水量将增加 5%～7.5%。已有较多研究表明，未来气候变化将导致鱼类的入侵风险加剧（Schickele et al.，2021；Guilder et al.，2022）。

降水量变化率的升高意味着未来可能出现更多的极端降水事件，这可能会导致外来鱼类生态风险的增加，Diez 等（2012）研究表明，极端气候事件（如洪水和干旱）的发生，可能会增加外来物种的扩散或降低本地群落的生物抵抗力，从而加快生物入侵的进程。例如，调查发现在巴西的巴拉那帕内马河内，降雨引发的洪水事件导致尼罗罗非鱼和伦氏非鲫（*Coptodon rendalli*）等多种外来鱼类进入天然水域，造成了严重的入侵事件（Casimiro et al.，2018）。

另外，未来气候变化，尤其是气温升高，也将导致外来鱼类更高的生态风险。Liu 等（2019）采用物种分布模型，预测在气候变化条件下，到 2050 年，83 种外来淡水鱼类（水产养殖鱼类和观赏鱼类）在我国的适宜栖息地范围将增加 4.8%，其中来自北美洲和南美洲的外来鱼类威胁更大。温度是影响鱼类生长、摄食、代谢等生命活动的关键因素（张先炳等，2021），未来温度的升高将更有利于一些热带或亚热带养殖鱼类的繁殖和扩散。例如，有研究表明食蚊鱼在水温升高的情况下，将具有更高的探索性和学习能力，并且对其扩散距离有着显著影响（Magellan et al.，2019）。Muhlfeld 等（2014）通过长期遗传监测数据与高分辨率气候和溪流温度预测数据，评估了气候变暖对本地克拉克大麻哈鱼（*Oncorhynchus clarkii*）和非本地虹鳟鱼（*O. mykiss*）的影响，结果表明，快速的气候变暖可以加剧外来物种与本地物种的杂交，导致本地物种基因库的污染。

可以肯定的是，未来气候变化将会强烈影响外来鱼类的生态风险，目前有关于外来鱼类对气候变化响应的相关研究较少，后续应加强相关研究，探讨物种生态风险与气候变化的响应关系，为风险评估工作提供更准确的参考。另外，风险评估应是一个动态的过程，应该根据外来物种相关信息的不断变化而及时更新评估结果，同时调整防控策略。

参 考 文 献

丁慧萍, 张志明, 谢从新, 等. 2022. 鱼类入侵对雅鲁藏布江水域生态系统的影响及其防治对策. 生态学杂志, 41: 2440-2448.

窦寅, 吴军, 黄成. 2011. 外来鱼类入侵风险评估体系及方法. 生态与农村环境学报, 27: 12-16.

顾党恩. 2020. 华南地区主要河流外来鱼类的分布格局及其影响因素. 中国科学院大学博士学位论文.

胡隐昌, 董志国, 郝向举, 等. 2020. 中国常见外来水生动植物图鉴. 北京: 中国农业出版社.

李家乐, 董志国, 李应森, 等. 2007. 中国外来水生动植物. 上海: 上海科学技术出版社.

李雪健, 唐文乔, 赵亚辉. 2021. 南水北调中线工程对海河流域鱼类入侵风险分析. 生物多样性, 29: 1336-1347.

万方浩, 侯有明, 蒋明星. 2015. 入侵生物学. 北京: 科学出版社.

韦慧, 刘超, 胡隐昌, 等. 2022. 基于外来水生生物风险筛选工具评估外来观赏鱼在中国的入侵风险: 以甲鲶科鱼类为例. 生态与农村环境学报, 38: 494-503.

徐猛, 朱冰涛, 杨叶欣, 等. 2021. 外来鱼类雀鳝与本地斑鳢功能反应的比较. 水生生物学报, 45(5): 7.

张先炳, 胡亚萍, 李文杰, 等. 2021. 水温对淡水温水性鱼类生命活动的影响. 水生态学杂志, 42(4): 117-122.

Beaury E M, Finn J T, Corbin J D, et al. 2020. Biotic resistance to invasion is ubiquitous across ecosystems of the United States. Ecol Lett, 23: 476-482.

Campbell S E, Mandrak N E. 2021. Context dependence in community composition of functional traits mediates freshwater fish invasion success in the Laurentian Great Lakes over time. Biol Invasions, 23: 1949-1963.

Casimiro A C, Garcia D, Vidotto Magnoni A, et al. 2018. Escapes of non-native fish from flooded aquaculture facilities: The case of Paranapanema River, Southern Brazil. Zoologia, 35: e14638.

Clarke S A, Vilizzi L, Lee L, et al. 2020. Identifying potentially invasive non-native marine and brackish water species for the Arabian Gulf and Sea of Oman. Glob Change Biol, 26: 2081-2092.

Copp G, Vilizzi L, Tidbury H, et al. 2016. Development of a generic decision-support tool for identifying potentially invasive aquatic taxa: AS-ISK. Manag Biol Invasion, 7: 343-350.

Diez J M, D’Antonio C M, Dukes J S, et al. 2012. Will extreme climatic events facilitate biological invasions? Front Ecol Environ, 10: 249-257.

Gu D E, Jia T, Wei H, et al. 2023. Biotic resistance to fish invasions in Southern China: Evidence from biomass, habitat, and fertility limitation. Ecol Appl, 2023: e2819.

Gu D E, Wang J W, Xu M, et al. 2022. Does aquaculture aggravate exotic fish invasions in the rivers of Southern China. Aquaculture, 547: 737492.

Guilder J, Copp G H, Thrush M A, et al. 2022. Threats to UK Freshwaters under climate change: Commonly traded aquatic ornamental species and their potential pathogens and parasites. NeoBiota, 76: 73-108.

Jiang X, Wang J, Tang W, et al. 2021. Non-native freshwater fish species in the Yellow River basin: Origin, distribution and potential risk. Environ Biol Fish, 104: 253-264.

Li K, Wang J, Wang X, et al. 2022. Distribution pattern of fish richness in the Yarlung Zangbo River basin. Diversity, 14 : 1142-1160.

Liu C, Comte L, Xian W, et al. 2019. Current and projected future risks of freshwater fish invasions in China. Ecography, 42: 2074-2083.

Magellan K, Bonebrake T C, Dudgeon D. 2019. Temperature effects on exploratory behaviour and learning ability of invasive mosquitofish. Aquat Invasions, 14: 502-517.

Muhlfeld C C, Kovach R P, Jones L A, et al. 2014. Invasive hybridization in a threatened species is accelerated by climate change. Nat Clim Change, 4: 620-624.

Parvez I, Rumi R A, Ray P R, et al. 2022. Invasion of African *Clarias gariepinus* drives genetic erosion of the indigenous *C. batrachus* in Bangladesh. Biology-Basel, 11: 252-264.

Pimentel D, Zuniga R, Morrison D. 2005. Update on the environmental and economic costs associated with alien invasive species in the USA. Ecol Econ, 52: 273-288.

Pound K L, Nowlin W H, Huffman D G, et al. 2011. Trophic ecology of a non-native population of Suckermouth Catfish (*Hypostomus plecostomus*) in a Central Texas Spring-fed Stream. Environ Biol Fish, 90: 277-285.

Pyke G H. 2005. A review of the biology of *Gambusia affinis* and *G. holbrooki*. Rev Fish Biol Fisher, 15: 339-365.

Ruykys L, Ta K A T, Bui T D, et al. 2021. Risk screening of the potential invasiveness of non-native aquatic species in Vietnam. Biol Invasions, 23: 2047-2060.

Schickele A, Guidetti P, Giakoumi S, et al. 2021. Improving predictions of invasive fish ranges combining functional and ecological traits with environmental suitability under climate change scenarios. Glob Change Biol, 27: 6086-6102.

Shuai F M, Li X H, Liu Q F, et al. 2019. Nile tilapia (*Oreochromis niloticus*) invasions disrupt the functional patterns of fish community in a Large Subtropical River in China. Fisheries Manag Ecol, 26: 578-589.

Stocker T F, Qin D, Plattner G K, et al. 2013. Climate Change 2013: the Physical Science Basis. Contribution of Working Group I to the Fifth Assessment Report of the intergovernmental Panel on Climate Change. Cambridge and New York: Cambridge University Press:1029-1136.

Vilizzi L, Copp G H, Hill J E, et al. 2021. A global-scale screening of non-native aquatic organisms to identify potentially invasive species under current and future climate conditions. Sci Total Environ, 788: 147868.

Wood L E, Guilder J, Brennan M L, et al. 2022. Biosecurity and the ornamental fish trade: A stakeholder perspective in England. J Fish Biol, 100: 352-365.

Xia Y, Zhao W, Xie Y, et al. 2019. Ecological and economic impacts of exotic fish species on fisheries in the Pearl River basin. Manag Biol Invasion, 10: 127-138.

Zhao K S, Li C, Wang T, et al. 2019. Distribution and trophic pattern of non-native fish species across the Liao River basin in China. Water, 11: 1217-1231.

Zorić K, Simonović P, Đikanović V, et al. 2014. Checklist of non-indigenous fish species of the river Danube. Arch Biol Sci, 66: 629-639.

03

第 3 章 典型外来鱼类潜在地理分布预测

3.1 大口黑鲈

大口黑鲈（*Micropterus salmoides*）自 1983 年引入中国大陆养殖，其养殖产业经过数十年的发展，截至 2021 年，其养殖区域遍布全国，年产量已经达到 70.21 万 t，占我国当年淡水养殖业年产量的 2.21%（FAO，2022）。

大口黑鲈被认为是世界上 100 种恶性外来入侵物种（100 of the world's worst invasive alien species）之一，能够对被入侵的生态系统造成灾难性的生态后果和经济损失（Lowe et al.，2000；Pereira and Vitule，2019）。在大多数被引入的溪流和湖泊中，大口黑鲈作为顶级掠食者，能够引发食物链级联效应，从而改变群落结构（Bae et al.，2018）。据报道，在引入大口黑鲈后，危地马拉阿蒂特兰湖的土著鱼类物种消失，进而导致巨鸊鷉（*Podilymbus gigas*）这一危地马拉特有水鸟物种灭绝（Mamun et al.，2018）。在古巴，由于大口黑鲈的入侵，土著鱼类如古巴雀鳝（*Atractosteus tristoechus*）的种群数量大幅减少，入侵鱼类与土著鱼类的竞争和捕食关系被认为是种群减少的关键原因（Mamun et al.，2018）。在对象河 - 多恩河（Olifants-Doorn）流域 41 条支流的评估中，大口黑鲈的入侵导致小型鱼类敏鲃（*Barbus calidus*）的灭绝（Van Der Walt et al.，2016）。大口黑鲈在南非的引入，导致一些当地小型鱼类局部灭绝，包括涌拟鲃（*Pseudobarbus phlegethon*）、伯氏拟鲃（*Pseudobarbus burgi*）等（Ellender and Weyl，2014）。大口黑鲈的入侵通常具有隐蔽性且持续时间较长，其生态影响往往在监测到入侵后已达到不可逆的程度（Ellender and Weyl，2014；Luger et al.，2020）。

栖息地适宜度曲线法（habitat suitability curve）的核心是将非生物环境因子（通常是水温、流速、水深和底质等）的值与目标物种生活史阶段的生境偏好联系起来（Nestler et al.，2019）。适宜度曲线被全球约 90% 的鱼类栖息地模型采用，PHABSIM 模型是其中的代表。单变量二元格式适宜度曲线对环境因子的适宜范围以分段常值函数表示，环境因子的值位于适宜范围之内，则其适宜度是 1，否则适宜度为 0（易雨君等，2019）。此外，适宜度曲线还存在单变量曲线和多变量曲线格式，其中多变量方法考虑了环境变量中的相互关系和相关性，用来评价栖息地适宜度更合适（万方浩等，2015；易雨君等，2019）。但在研究全球或国家层面等大尺度问题时，环境变量数据获取困难，多变量曲线格式的适宜度曲线往往会用于对某个河段、湖泊或水库的研究。Lauria 等（2015）利用栖息地适宜度曲线模拟了地中海中部 9 种软骨鱼类对 5 种环境因子（深度、表面温度、表面盐度、坡度和粗糙度）的生境偏好及其物种多样性。

中国气候带丰富，地形复杂。Koppen-Geiger 气候分类法中 5 种主要的气候类型都存在于中国，在中国大陆占主导地位的气候类型是干旱气候带（arid）（41.38%，简称 B），其次是冷温带气候带（cold）（28.44%，D）、暖温带气候带（temperate）（25.53%，C）、极地气候带（polar）（4.48%，E）和赤道气候带（tropical）（3.8%，A）（Peel et al.，2007）。中国的地形复杂多样，西高东低，形成了从西到东的三阶段梯度（Liu and

Diamond, 2005）。中国河流划分为九大流域：松辽河流域、海河流域、淮河流域、黄河流域、长江流域、珠江流域、东南诸河、西南诸河和内陆河流域。

作为世界第一水产养殖大国，我国引进了大量外来水生物种进行商业化生产。然而在水产养殖行业持续扩张、禁渔政策深入推进和气候变化等多重因素的影响下，有必要全面系统地评估外来物种在野外建群可能带来的生态风险。

本章对大口黑鲈的野外分布做了系统调研，使用适宜度曲线法预测其在中国的潜在产卵区，并结合 1970～2010 年潜在产卵区纬度变化趋势说明气候变化导致其地理分布北扩的趋势。旨在预测大口黑鲈在中国的潜在产卵区及其受多重影响下的变化趋势，为全面系统地评估外来养殖物种的入侵风险提供有益的参考。

大口黑鲈分布记录数据集分为全球和仅中国两个部分。将它们区分为两个部分是由于数据来源不同，大口黑鲈全球分布记录数据下载自全球生物多样性信息机构（Global Biodiversity Information Facility, GBIF, http://www.gbif.org/, 最后访问时间为 2022 年 8 月 8 日）。仅中国的大口黑鲈分布记录数据来源包括文献检索、媒体报道和野外调查。

文献检索和媒体报道分布记录数据是通过在专业知识数据库（如中国知网、Web of Science）和新闻媒体网站（如腾讯网 http://news.qq.com 和新浪新闻 http://news.sina.cn）中广泛搜索大口黑鲈记录获得的。这些分布记录中的每一个都检查经度和纬度，如果数据源不包括地理坐标，则根据描述性位置信息推断大致分布范围。

野外调查依托中国水产科学研究院长江水产研究所牵头的“长江渔业资源与环境调查（2017—2021）”，并联合长江流域多个科研院所和高校在长江一道开展调查工作。该项目的调查范围包含从长江源（沱沱河和楚玛尔河）至长江口（上海）6300km 有余的长江干流，一级支流雅砻江、岷江（含大渡河）、横江、赤水河、沱江、嘉陵江、乌江和汉江，以及洞庭湖和鄱阳湖等通江湖泊。在 2017～2021 年 5 年期间，该专项在长江流域共计 65 个调查站持续开展野外调查（图 3.1）。

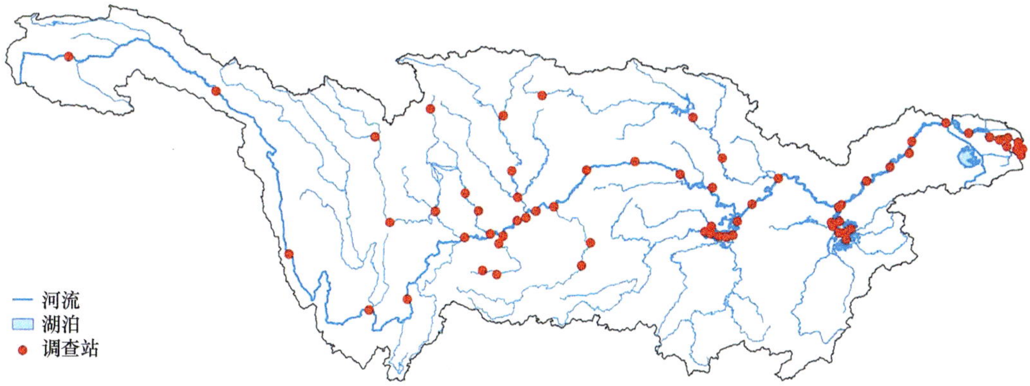

图 3.1 “长江渔业资源与环境调查（2017—2021）”项目调查站分布

外来鱼类的定殖过程和定殖能力受到水温、流速、底质和溶氧等非生物因子的影响（Theoharides and Dukes，2007）。有研究表明，水温是影响大口黑鲈进入原生栖息地以外生态系统中入侵行为和分布的最重要环境因素（Krause et al.，1998；Caissie，2006）。它控制生殖行为，决定大口黑鲈的生长和发育速度，以及移动和进食能力，并影响大口黑鲈在河流和湖泊中的分布（Coutant，1975；Caissie，2006）。

大口黑鲈生活史的水温需求是本研究预测其适生区的基础，也是其分布最重要的抑制因素。值得注意的是，鱼类在某些生活史阶段，伴随着产卵、索饵和越冬等行为可能产生洄游特性，从而扩大了它们造成生态风险的范围，这个范围是远大于潜在产卵区的。如表3.1所示，通过广泛的文献调研本研究认为大口黑鲈适宜在3～6月水温为15～25℃的区域产卵（潜在产卵区，potential spawning area），并且适宜在水温为1～36.8℃范围内的区域生存（潜在生存区，potential survival area）。本研究依据此构建了大口黑鲈关于水温适宜性的单变量二元格式的适宜度曲线。

表3.1 大口黑鲈的水温耐受范围或阈值

生活史阶段	描述	水温/℃	参考文献
生存下限	致命温度	1	Carmichael et al.，1988
消化率为0	食物不能消化，无法获取营养	5	Coutant，1975
索饵	自然觅食活动	10	Coutant，1975
		6～12	Carmichael et al.，1988
		10～16	Markus，1932
产卵	3月下旬开始筑巢和产卵	15～25	Coutant，1975
		14～16	Miranda and Muncy，1987
		15	Landsman et al.，2011
孵化	卵孵化成功	18.9～20	Coutant，1975
最大消化率	适合成鱼生长的温度	20～27	Coutant，1975
消化率为0	食物不能消化，无法获取营养	35.5	Coutant，1975
生存上限	致命温度	36	Rice et al.，1983
		36.8	Coutant，1975
		36.4	Eaton et al.，1995

本研究的水温栅格数据来自一维水能量路由模型（1-D water energy routing model，DynWat）（Wanders et al.，2019）。DynWat模型可以解决能量和水平衡问题，模拟1960～2014年的河流温度和流量，其数据空间分辨率有10km和50km两种，时间步长为1个月。DynWat模型考虑了地表水抽取、水库、河流泛洪和冰的形成等，从而能够真实地模拟水温。针对全球358个监测站的验证结果表明，其仿真精度均方根误差为0.2℃，偏差为0.7℃。

适宜度曲线能够定量描述生物的栖息地偏好和栖息地生境因子耐受范围，已被广泛用于鱼类栖息地模拟（易雨君等，2019）。本研究通过大口黑鲈对水温的需求，在ArcGIS 10.8上将水温适宜度曲线与栅格数据耦合，得到大口黑鲈在中国的适生区。进而将大口黑鲈适生区划分为潜在产卵区和潜在生存区，并在二维地图上进行可视化表达。适生区计算过程包括3个步骤：确定影响大口黑鲈生活史的非生物限制性因子及其耐受范围，并构建适宜度曲线；获取研究区域内非生物限制性因子的栅格数据；将适宜度曲线与非生物因子栅格数据耦合以预测大口黑鲈的适生区。

大口黑鲈适生区的计算过程是在ArcGIS 10.8中完成的。具体而言，使用了空间分析工具（spatial analyst tools）、多维工具（multidimension tools）和分析工具（analysis tools）等相关功能。本研究选择将1970年、1980年、1990年、2000年和2010年作为关键年份对大口黑鲈适生区进行可视化表达，以供后续分析。大口黑鲈潜在产卵区的纬度趋势变化箱型图是使用GraphPad Prism 8.0.2绘制的。

本研究对大口黑鲈适生区的准确性检验分为：原产地气候与潜在产卵区气候对比；潜在产卵区与仅中国分布记录数据对比。图3.2a表明大口黑鲈原产地气候主要为热夏常湿暖温气候（temperate-without dry season-hot summer，Cfa）、热夏常湿冷温气候（cold-without dry season-hot summer，Dfa）、温夏常湿冷温气候（cold-without dry season-warm summer，Dfb）、热夏冬干暖温气候（temperate-dry winter-hot summer，Cwa）和温夏冬干暖温气候（temperate-dry winter-warm summer，Cwb），大口黑鲈潜在产卵区预测结果所处区域气候主要为Cfa、Cwa和Cwb。大口黑鲈2010年潜在产卵区预测结果表明，我国南方流域和长江流域部分江段满足大口黑鲈产卵所需水温；仅中国的大口黑鲈分布记录调查结果显示，大口黑鲈在我国的珠江流域、东南流域和长江流域等河流中存在野外分布。

如图3.3所示，大口黑鲈的潜在生存区遍布全国，潜在产卵区多在南方流域。其中珠江流域是主要的潜在产卵区，并逐渐向高纬度地区延伸。大口黑鲈潜在产卵区的气候以Cwa和Cfa等亚热带湿润气候为主导。

提取预测结果中每个栅格的纬度数据用来绘制箱型图（图3.3f）。箱型图包括原始纬度数据的1%～99%，以避免异常值的影响。通过计算2010年纬度值与1970年纬度值的差异，可得出大口黑鲈的潜在产卵区域向高纬度水域扩展了89.1km（纬度值的中位数差异）、137.5km（纬度值的上四分位数差异）和183.7km（纬度值的最大值差异），大口黑鲈潜在产卵区持续从珠江流域向高纬度流域扩展（$P < 0.001$）。

本研究依据长江流域被预测为大口黑鲈潜在产卵区的次数（图3.3a～e），对大口黑鲈在长江流域的入侵风险等级进行了划分。在长江流域，大口黑鲈入侵的高风险区域主要分布于金沙江（支流牛栏河、普渡河和龙川江）和赣江（图3.4）。中风险区主要分布于沱江、湘江。低风险区主要分布于嘉陵江、汉江、乌江。长江流域全流域几乎都满足大口黑鲈生存的水温需求。

a
75°N
60°N
45°N
30°N
15°N
0°
15°S
30°S
45°S
60°S
75°S
90°
大口黑鲈

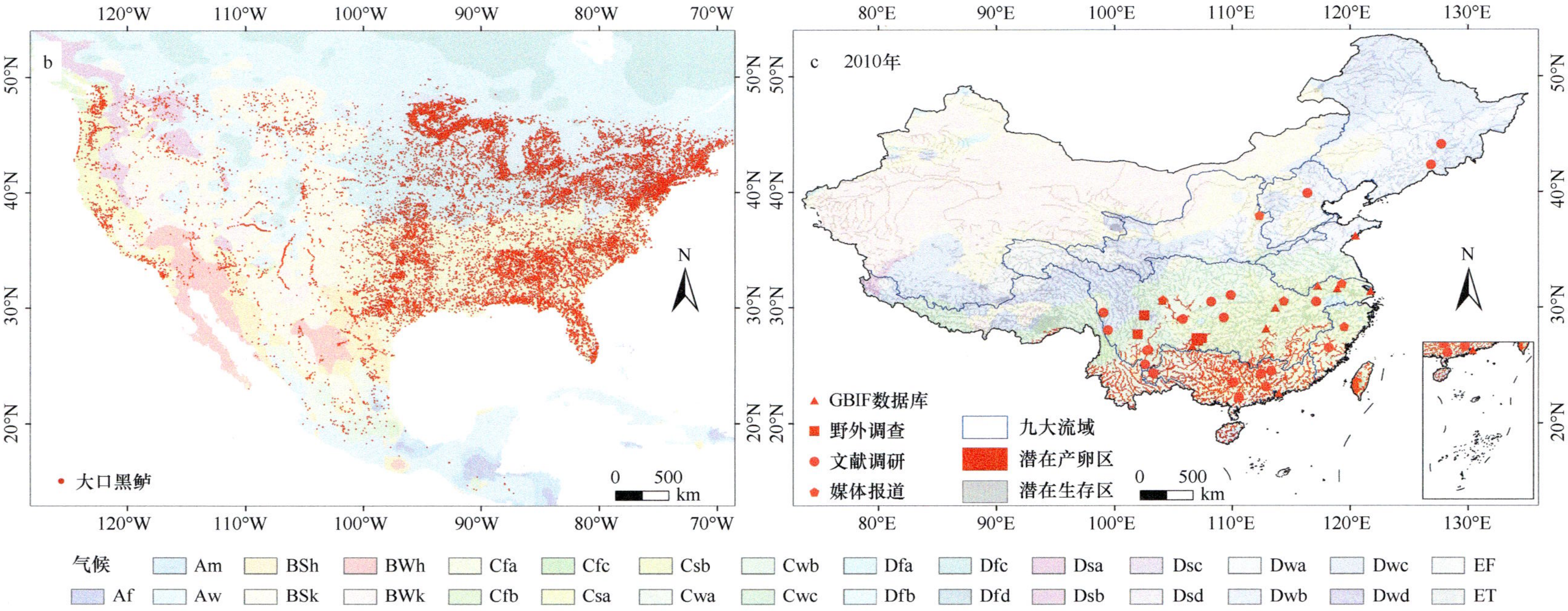

图 3.2 适宜栖息地检验

a. 全球大口黑鲈分布图；b. 大口黑鲈原产地（美国、加拿大和墨西哥的部分地区）分布图；c. 2010 年大口黑鲈在中国的适生区预测结果。Af：热带雨林气候；Am：热带季风气候；Aw：热带疏林草原气候；BSh：热性草原气候；BSk：冷性草原气候；BWh：热性沙漠气候；BWk：冷性沙漠气候；Cfa：热夏常湿暖温气候；Cfb：温夏常湿暖温气候；Cfc：冷夏常湿暖温气候；Csa：热夏夏干暖温气候；Csb：温夏夏干暖温气候；Cwa：热夏冬干暖温气候；Cwb：温夏冬干暖温气候；Cwc：冷夏冬干暖温气候；Dfa：热夏常湿冷温气候；Dfb：温夏常湿冷温气候；Dfc：冷夏常湿冷温气候；Dfd：寒冬常湿冷温气候；Dsa：热夏夏干冷温气候；Dsb：温夏夏干冷温气候；Dsc：冷夏夏干冷温气候；Dsd：寒冬夏干冷温气候；Dwa：热夏冬干冷温气候；Dwb：温夏冬干冷温气候；Dwc：冷夏冬干冷温气候；Dwd：寒冬冬干冷温气候；ET：极地苔原气候；EF：冰原气候（Peel et al.，2007；王婷等，2020）

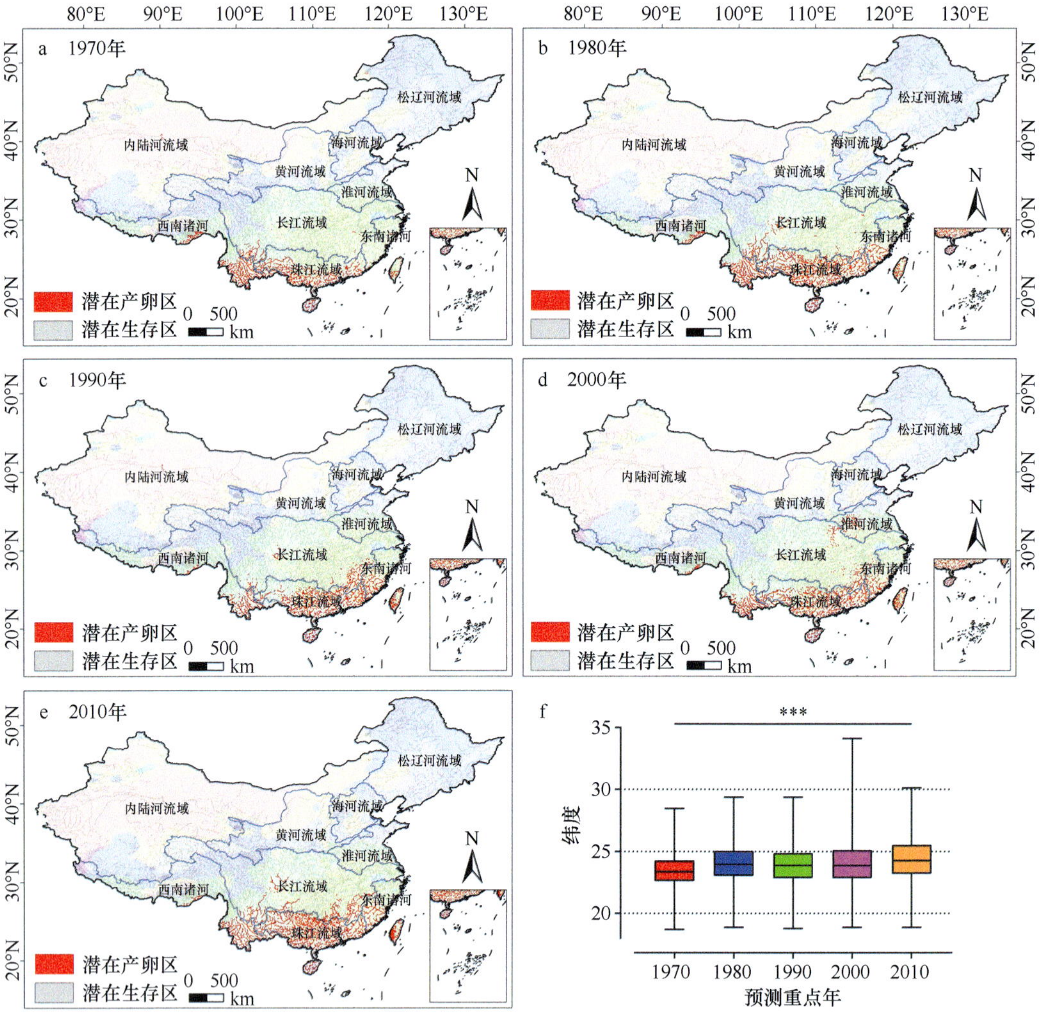

图 3.3 基于适宜度曲线法的大口黑鲈适生区

图 3.3a～e 分别为 1970 年、1980 年、1990 年、2000 年和 2010 年大口黑鲈适生区的预测结果；气候分类同样按照 Koppen-Geiger 气候分类法。图 3.3f 展示了每个预测重点年大口黑鲈潜在产卵区的纬度箱型图。箱型图（box plot）也称盒图或箱线图，是一种用于显示数据分布特征的统计图表。它通过数据的 5 个主要统计量来直观展示数据的分布和离散情况：最小值（minimum）：数据集中最小的值（通常不包括异常值）；下四分位数（Q1）：25% 的数据小于或等于该值；中位数（median 或 Q2）：数据的中间值，50% 的数据小于或等于该值；上四分位数（Q3）：75% 的数据小于或等于该值；最大值（maximum）：数据集中最大的值（通常不包括异常值）。此外，箱型图中还包括：箱体（box），即 Q1 和 Q3 之间的区域，代表数据的中间 50%；须（whisker），即延伸至非异常值范围的直线，通常覆盖 1.5 倍四分位距（IQR，IQR=Q3−Q1）内的数据；异常值（outlier），即位于须范围之外的点，可能表示极端值。*** 表示差异显著（$P < 0.001$）

全球水温和气温的变化趋势基本一致，在目前的碳排放情景下，持续的温室气体排放将使全球气温中位数到 2100 年上升 3.2℃（2.2～3.5℃），很可能低于第 26 届联合国气候变化大会（Conference of the Parties，COP26）的国家自主贡献目标（王卓妮等，2022）。气候系统的综合观测和多项关键指标表明，全球变暖趋势仍在持续，我国高温、强降雨等极端天气越发频繁，尤见强烈（中国气象局气候变化中心，2022）。而水温主要受大气温度、水流量及地下径流或地表径流比例的影响（Liu et al.，2018）。在未来气候情景下，预计 2071～2100 年全球平均水温和 95th 百分位水温相较于 1971～2000 年将升高 0.8～1.6℃

（1.0～2.2℃）（van Vliet et al.，2013）。

水温是影响大口黑鲈分布的最重要因素，而每年3～6月产卵期的水温需求是大口黑鲈分布的最重要抑制因素（Coutant，1975）。受我国水温上升的推动，1970～2010年大口黑鲈的潜在产卵区向高纬度流域持续扩张183.7km（$P < 0.001$），未来随着气候变化，高纬度流域大口黑鲈潜在产卵区可能进一步增加。此外，非土著鱼类生境向高纬度地区扩展的生态影响可能比低纬度地区更为严重。在不考虑生境破碎化作用的情况下，部分河段适合大口黑鲈产卵，伴随着其索饵行为，大口黑鲈可能会对整个长江流域造成入侵风险（图3.2和图3.4）。

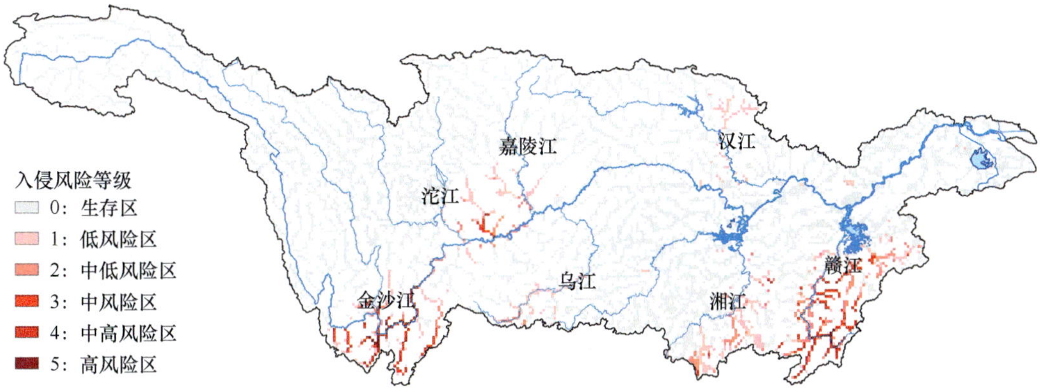

图3.4 长江流域大口黑鲈入侵风险等级

大口黑鲈潜在产卵区的判定次数（0～5）是从低到高划分入侵风险等级的标准

3.2 尼罗罗非鱼

尼罗罗非鱼（*Oreochromis niloticus*）（以下简称罗非鱼）自然分布广泛，原产于非洲的坦噶尼喀湖、塞内加尔河水系、尼罗河水系、沃尔特河水系和尼日尔河水系等（Xiong et al.，2022）。罗非鱼具备耐寒、生理耐受性强、多次产卵和极端的摄食可塑性等特点，依据联合国粮食及农业组织（Food and Agriculture Organization of the United Nations，FAO）的建议，100多个国家和地区引进罗非鱼发展水产养殖业，改善人类的蛋白质供应（Xiong et al.，2022）。自20世纪60年代中国引进罗非鱼发展水产养殖业以来，罗非鱼逐渐成为中国最重要的外来养殖鱼类，2021年中国罗非鱼淡水养殖年产量达到了166.3万t（农业农村部渔业渔政管理局等，2022）。尽管引进罗非鱼发展淡水养殖业带来了巨大的经济效益，但伴随着不可避免的养殖逃逸，现今罗非鱼在珠江流域泛滥，在长江的雅砻江、乌江等均有发现（杨海乐等，2023；Gu et al.，2019）。罗非鱼也被认为是世界自然保护联盟（International Union for Conservation of Nature，IUCN）公布的世界上100种恶性外来入侵物种之一，能够对被入侵的生态系统造成灾难性的生态后果和经济损失（Lowe et al.，2000）。

系统评估未来气候情景下罗非鱼潜在分布及其变化，有利于遏制生物入侵风险、保护本地种原生栖息地，为外来鱼类生物入侵风险评估、风险管理及防控提供参考。本研究通过全球生物多样性信息机构（GBIF）网站和野外调查确定了罗非鱼分布记录数据，并基于 FutureStreams 数据集提供的水温和流量数据，采用 MaxEnt 模型预测了罗非鱼在中国当前和未来的潜在分布。

本研究罗非鱼分布记录数据来源包括两部分：全球生物多样性信息机构及野外调查。野外调查依托中国水产科学研究院长江水产研究所牵头的“长江渔业资源与环境调查（2017—2021）”，在长江流域建立了长江资源环境监测站 65 个。本研究共收集到罗非鱼分布记录 12 858 条，其中在 GBIF 数据库下载的罗非鱼分布记录为 12 628 条（2022 年 10 月 31 日下载，https://doi.org/10.15468/dl.aymsug），通过野外调查收集到的罗非鱼分布记录为 230 条。

物种分布记录数据集往往表现出强烈的地理偏差，研究人员经常对容易到达的地区（如道路或城镇附近的河流）进行采样。这些采样偏差人为地增加了局部区域的空间自相关，这种情况可能导致模型过度拟合与地理空间中的这些影响相对应的环境偏差（Boria et al.，2014）。为减少采样偏差的影响，需要对分布记录进行去重和薄化处理。与淡水入侵物种相关的研究表明，50km 是合适的薄化距离，在较低的薄化距离（20km）的训练数据集上，预测通常是过度拟合的，而较高的薄化距离（100km）通常会产生缺乏空间分辨率的欠拟合模型（Low et al.，2021）。本研究使用 WPS Office 2022 对罗非鱼分布记录进行去重；使用 ArcGIS 10.8 的点距离分析工具（analysis tools/point distance）找出相距小于 50km 的分布记录，并随机去掉其中一个距离过近的分布记录以进行薄化处理。最终的罗非鱼分布记录数据集保留了 722 条。尽管有研究表明远端环境变量通常与淡水物种的近端环境变量存在因果关系，气候变量与栖息地数据相结合可以作为河流变量的合理替代物（McGarvey et al.，2018）。但使用这种变量来模拟淡水物种可能是违反直觉的，因为淡水物种的分布通常受到河流条件（如水温和水文等）的限制。

FutureStreams 是第一个预测多种气候情景（截至 2099 年）的未来流量和水温的全球数据集，以 5 弧分的空间分辨率（赤道处约 10km）进行网格化（Bosmans et al.，2022）。FutureStreams 使用全球水文（PCR-GLOBWB）和全球水温（DynWat）模型生成数据，纳入了 4 种代表性浓度路径（representative concentration pathway，RCP），涵盖了多种未来温室气体排放轨迹和相关气候变化。本研究下载了 FutureStreams 数据库中使用一般环流模型（general circulation model，GCM）地球物理流体动力学实验室（Geophysical Fluid Dynamics Laboratory，GFDL）构建的与生态角度特别相关的衍生指标作为模型分析的环境变量数据集。本研究环境变量数据集包括当前情景（1976～2005 年）和 4 种不同浓度路径（RCP2.6、RCP4.5、RCP6.0 和 RCP8.5）下 4 个未来时间段（2021～2040 年、2041～2060 年、2061～2080 年和 2081～2099 年）气候情景的数据，共计 17 组环境变量数据。每组环境变量数据包含 34 种生态相关派生变量（ecologically relevant derived variable），其中与水温相关的环境变量数据有 16 种，与流量相关的环境变量数据有 18 种（表 3.2）。

表 3.2 环境变量数据集所包含的 34 种生态相关派生变量

类别	变量	代码	生物气候类比
大小	年平均水温	WT-mean	BIO1
	每周最低水温	WT-min	BIO6
	每周最高水温	WT-max	BIO5
	最潮湿月份的平均水温	WT-wm	BIO31
	最干燥月份的平均水温	WT-dm	BIO30
	最热月份的平均水温	WT-hm	BIO28
	最冷月份的平均水温	WT-cm	BIO29
	最潮湿季度的平均水温	WT-wq	BIO8
	最干燥季度的平均水温	WT-dq	BIO9
	最热季度的平均水温	WT-hq	BIO10
	最冷季度的平均水温	WT-cq	BIO11
	年平均流量	Q-mean	BIO12
	每周最小流量	Q-min	
	每周最大流量	Q-max	
	最潮湿月份的平均流量	Q-wm	BIO13
	最干燥月份的平均流量	Q-dm	BIO14
	最热月份的平均流量	Q-hm	
	最冷月份的平均流量	Q-cm	
	最潮湿季度的平均流量	Q-wq	BIO16
	最干燥季度的平均流量	Q-dq	BIO17
	最热季度的平均流量	Q-hq	BIO18
	最冷季度的平均流量	Q-cq	BIO19
期间	水温≤ 0.5℃时的周数	WT-ztw	
	流量为 0 的周数	Q-zfw	
变异性	年水温范围	WT-range	BIO7
	水温季节性指数 [σ(WT)/WT-mean]	WT-si	BIO4
	年流量范围	Q-range	
	流量季节性指数 [σ(Q)/Q-mean]	Q-si	BIO15
	基流指数 [Q90/Q-mean]	Q-bfi	
	水温变异性指数 [(Q25–Q75)/Q50]	Q-hvi	
定时	最低水温周	WT-wmin	
	最高水温周	WT-wmax	

续表

类别	变量	代码	生物气候类比
定时	最小流量周	Q-wmin	
	最大流量周	Q-wmax	

注：本表类别的划分基于水文变化指标，与 FutureStreams 生态相关派生变量划分一致（Bosmans et al.，2022）。生物气候类比（BIOXX）是指世界气候数据集（Fick and Hijmans，2017）的生物气候变量和 CMCC-BioClimInd 数据集相类比（Noce et al.，2020）。Q90、Q75、Q50 和 Q25 分别是年流量等于或超过 90%、75%、50% 和 25% 的时间跨度（Pastor et al.，2014）。空白格表示无信息

环境变量的选择是任何建模工作的基础，使用过多的环境变量来构建模型会增强变量之间的空间相关性，导致过度拟合，进而降低模型的可转移性（Dormann et al.，2013）。为排除高相关性的环境变量，需要对环境变量数据集进行相关性分析和预模型分析。首先，本研究将 34 种环境变量的当前情景数据（1976～2005 年）分为水温和流量两组，在 ArcGIS 中使用栅格相关性和汇总统计数据工具（SDM Toolbox v2.5）分别对两组环境变量进行相关性分析，并使用 ChiPolt 制图（https://www.chiplot.online/）（图 3.5 和图 3.6）。然后，将这 34 种环境变量数据投入 MaxEnt v3.4.4 重复训练 10 次，得到各环境变量在预

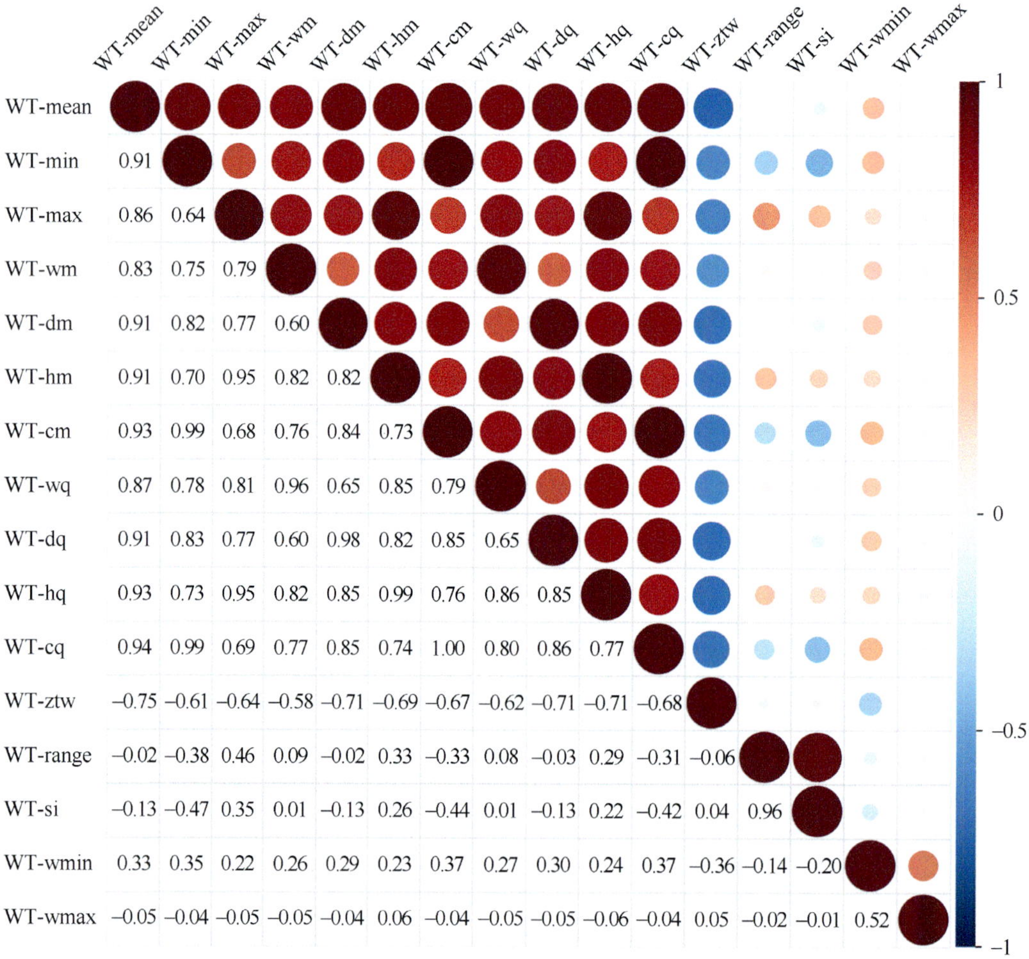

图 3.5　16 种水温环境变量相关性分析

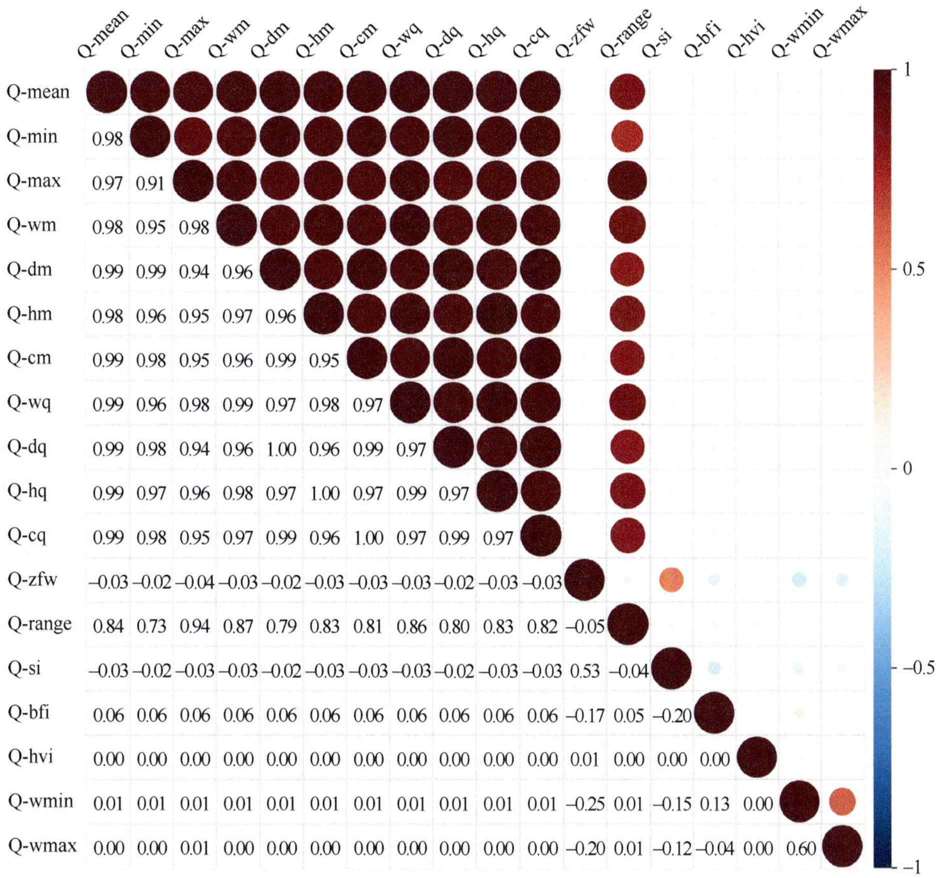

图 3.6 18 种流量环境变量相关性分析

模型分析下的贡献度（表 3.3）。最后，剔除相关性大于 0.7 中贡献度较低的环境变量和贡献度小于 1% 的环境变量后，共筛选出 5 种环境变量（表 3.4）。

表 3.3 预模型分析下的各环境因子贡献度

变量	贡献度 /%	变量	贡献度 /%	变量	贡献度 /%
WT-min	30.4	WT-wq	1.2	Q-zfw	0.3
WT-ztw	24.9	WT-dq	1	WT-wm	0.3
Q-wm	15	Q-dq	1	Q-hvi	0.3
Q-hq	3.6	Q-bfi	0.9	Q-max	0.2
WT-wmax	3.5	WT-hm	0.9	WT-max	0.2
Q-wmin	2.6	WT-hq	0.8	Q-wq	0.2
Q-range	1.8	Q-dm	0.7	Q-si	0.1
WT-mean	1.7	Q-wmax	0.7	Q-cm	0.1
WT-cq	1.6	Q-cq	0.6	WT-si	0.1
WT-dm	1.3	Q-min	0.5	Q-mean	0.1
Q-hm	1.2	WT-wmin	0.5		
WT-cm	1.2	WT-range	0.4		

表 3.4　筛选后的环境变量

变量	代码	生物气候类比
每周最低水温	WT-min	BIO6
水温≤ 0.5℃时的周数	WT-ztw	
最高水温周	WT-wmax	
最潮湿月份的平均流量	Q-wm	BIO13
最小流量周	Q-wmin	

注：空白格表示无信息

将分布记录数据和 17 组环境变量数据分批导入 MaxEnt 模型，随机选择 25% 的分布记录作为测试数据，其余 75% 作为训练数据，选择自举法（bootstrap）为重复运行类别，对模型进行 10 次重复训练。勾选刀切法（jackknife）评估环境变量对模型预测的贡献度，绘制环境变量响应曲线对各环境变量进行敏感性分析。预测结果输出格式选择 logistic（解释为相对适宜性，范围为 0～1），其他参数为模型默认值（Phillips et al.，2006；Phillips and Dudík，2008）。

MaxEnt 模型的预测效果采用 ROC 曲线下的 AUC 值评估（王运生等，2007）。AUC 值的大小作为模型预测准确度的衡量指标，其取值范围为 [0,1]，值越大表示模型准确度越高。评定标准为（Maron et al.，2020）：可接受的（acceptable，0.7 ≤ AUC < 0.8）、优秀的（excellent，0.8 ≤ AUC < 0.9）和杰出的（outstanding，0.9 ≤ AUC ≤ 1）。

以 MaxEnt 模型预测的罗非鱼生境适宜性的输出结果为 ASCII 文件，将其导入 ArcGIS 中使用重采样工具（spatial analyst tools/reclassify）将罗非鱼生境适宜性级别进行重分类和区域划分。本研究将罗非鱼适生区划分为不适生区（unsuitable area，$0 \leqslant P < 0.05$），低适生区（lowly suitable area，$0.05 \leqslant P < 0.2$），中等适生区（moderately suitable area，$0.2 \leqslant P < 0.5$）和高适生区（highly suitable area，$0.5 \leqslant P \leqslant 1$）。最后，使用掩膜提取工具（spatial analyst tools/extract by mask），基于中国地图（数据源：中国科学院资源环境科学数据中心，https://www.resdc.cn）提取罗非鱼在中国的适生区。

加权质心的计算方法：先使用转换工具将栅格转点（conversion tools/raster to point），再使用空间统计工具中的平均中心工具（spatial statistics tools/mean center）。适宜性总和为研究区域所有像元的适宜性之和，适宜性均值为适宜性之和除以研究区域像元数量。

适生区变化的计算方法：先使用重采样工具（spatial analyst tools/reclassify）对生境适宜性级别进行重分类和划分区域，即分为非高适生区（non-highly suitable area，$0 \leqslant P < 0.5$）和高适生区（highly suitable area，$0.5 \leqslant P \leqslant 1$）。再使用差异逻辑运算工具（spatial analyst tools）计算未来适生区与历史适生区的差异。

MaxEnt 模型的准确度测试如表 3.5 所示。由表可以看出，在当前情景中，重复 10 次运行训练数据的平均 AUC 值为 0.887，标准差为 0.002。在未来气候情景（RCP2.6、RCP4.5、RCP6.0 和 RCP8.5）中，重复 10 次运行训练数据的 AUC 值为 0.887～0.891、0.886～0.889、0.883～0.891 和 0.885～0.892。AUC 值均在 0.8 和 0.9 之间，ROC 曲线向左上延伸，表明所有构建模型的仿真结果优秀，可用于后续分析。

表 3.5 气候变化情景下罗非鱼 MaxEnt 模型 AUC 值

情景	时期	AUC 值	标准差
当前	1976～2005	0.887	0.002
RCP2.6	2021～2040	0.887	0.005
	2041～2060	0.891	0.003
	2061～2080	0.887	0.004
	2081～2099	0.889	0.004
RCP4.5	2021～2040	0.887	0.003
	2041～2060	0.889	0.003
	2061～2080	0.886	0.005
	2081～2099	0.886	0.003
RCP6.0	2021～2040	0.887	0.005
	2041～2060	0.889	0.004
	2061～2080	0.891	0.005
	2081～2099	0.883	0.005
RCP8.5	2021～2040	0.885	0.005
	2041～2060	0.892	0.006
	2061～2080	0.890	0.005
	2081～2099	0.885	0.004

本研究采用刀切法比较了对罗非鱼分布影响较大的 5 个环境变量的重要性（以当前情景为例），结果如图 3.7 所示。蓝色柱越长，表明变量对物种分布越重要。结合这些环境变量对分布的贡献度（表 3.6），得出影响罗非鱼分布最重要的三个环境变量是 Q-wm、WT-min、WT-ztw。

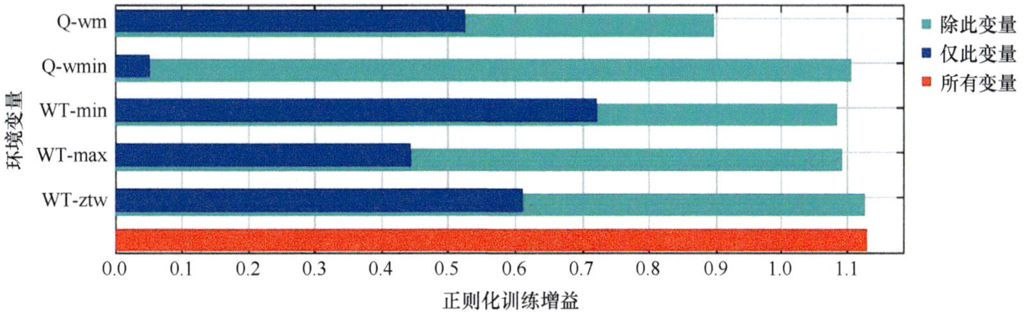

图 3.7 基于刀切法测试的环境变量对罗非鱼分布的重要性分析

纵轴表示筛选后的环境变量，横轴表示每个环境变量的得分。蓝色柱表示仅存在此环境变量的模型得分，绿色柱表示除此变量之外其他变量的模型得分总和，红色柱表示所有变量的模型得分总和

表 3.6　基于刀切法测试的环境变量对罗非鱼分布的贡献度分析

变量	代码	贡献度 /%
最潮湿月份的平均流量	Q-wm	35.3
每周最低水温	WT-min	33.5
水温≤ 0.5℃时的周数	WT-ztw	24.8
最高水温周	WT-wmax	3.7
最小流量周	Q-wmin	2.7

本研究 MaxEnt 模型输出的响应曲线反映了影响罗非鱼分布的主要环境变量的适宜性阈值。以下的每条响应曲线代表仅使用相应环境变量创建的MaxEnt模型（图3.8）。Q-wm 响应曲线表明罗非鱼适宜生存在最潮湿月份平均流量大于 0 的区域。WT-min 响应曲线表明罗非鱼适宜性随着每周最低水温的上升而上升，在约 21℃开始波动，水温大于约 29℃时适宜性最好。WT-ztw 响应曲线表明罗非鱼不适宜生存在水温≤ 0.5℃的区域。

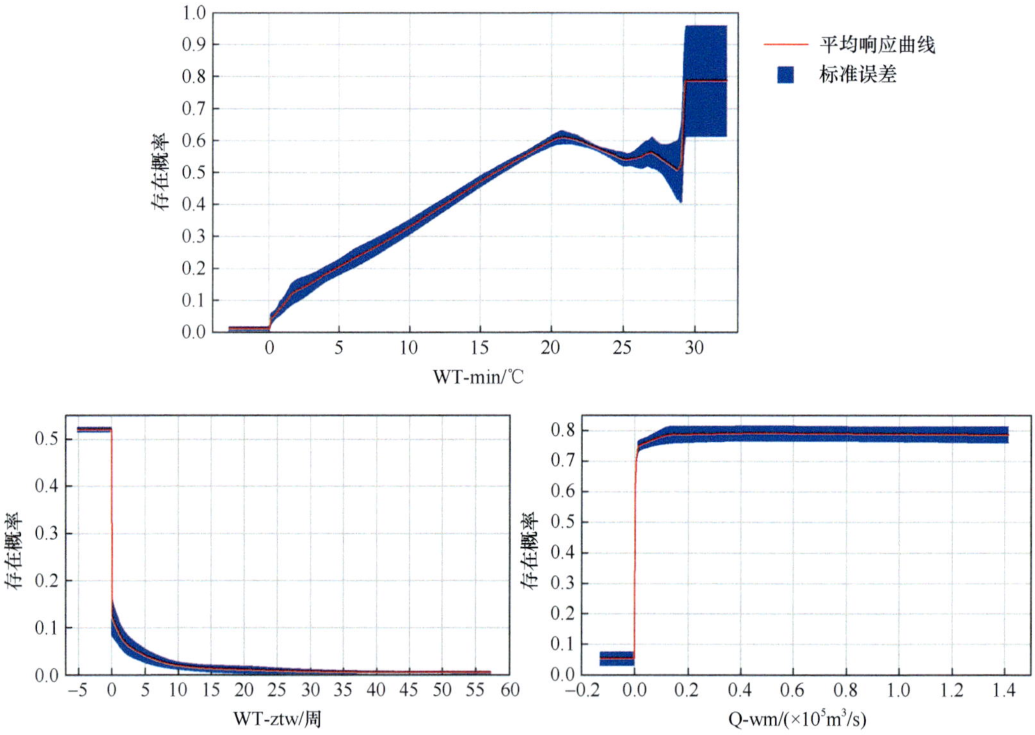

图 3.8　适宜性和环境变量之间的响应曲线

如表 3.7 和图 3.9 所示，罗非鱼高适生区分布于珠江流域、长江流域、西南诸河、淮河流域和东南流域，面积为 $54.12\times10^4km^2$，占九大流域总面积的 5.67%。高适生区中珠江流域（$19.78\times10^4km^2$，37%）和长江流域（$18.40\times10^4km^2$，34%）的分布面积最大。罗非鱼中等适生区分布于长江流域、珠江流域、西南诸河、东南诸河、淮河流域和黄河流域，面积为 $110.88\times10^4km^2$，占九大流域总面积的 11.62%。中等适生区长江流域（$57.25\times10^4km^2$, 52%）的分布面积最大。不适生区主要分布于内陆河流域、松辽河流域和黄河流域，面积为 $697.31\times10^4km^2$，占九大流域总面积的 73.05%。

表 3.7 当前气候情景下罗非鱼在中国内陆九大流域适生区的预测面积

流域	不适生区		低适生区		中等适生区		高适生区	
	面积 /（$\times10^4km^2$）	比例	面积 /（$\times10^4km^2$）	比例	面积 /（$\times10^4km^2$）	比例	面积 /（$\times10^4km^2$）	比例
内陆河流域	349.79	0.50	0.67	0.01	0.00	0.00	0.00	0.00
松辽河流域	143.29	0.21	1.61	0.02	0.03	0.00	0.00	0.00
黄河流域	70.57	0.10	9.26	0.10	1.86	0.02	0.00	0.00
海河流域	26.53	0.04	5.88	0.06	0.52	0.00	0.00	0.00
淮河流域	8.14	0.01	12.49	0.14	8.49	0.08	2.49	0.05
长江流域	48.49	0.07	44.28	0.48	57.25	0.52	18.40	0.34
西南诸河	50.25	0.07	6.26	0.07	11.69	0.11	10.67	0.20
珠江流域	0.13	0.00	7.00	0.08	20.33	0.18	19.78	0.37
东南诸河	0.12	0.00	4.74	0.05	10.71	0.10	2.78	0.05
总计	697.31		92.19		110.88		54.12	

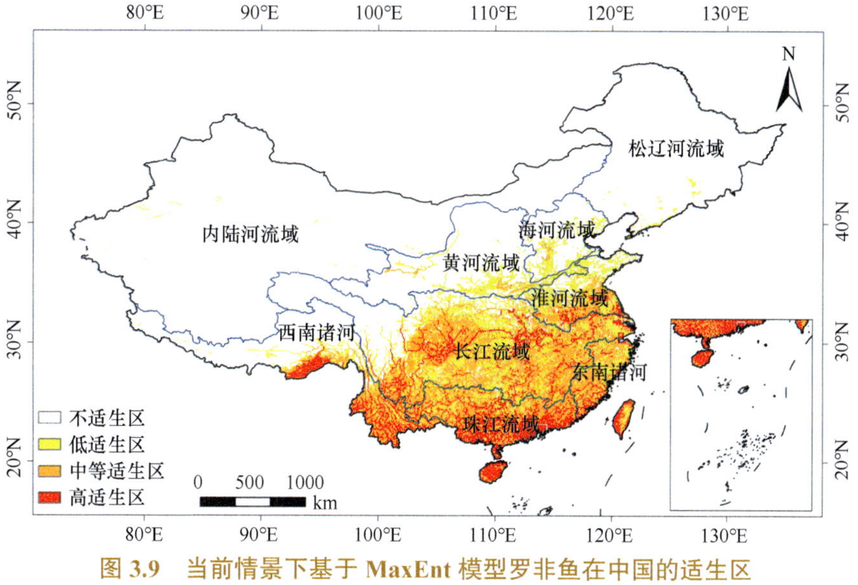

图 3.9 当前情景下基于 MaxEnt 模型罗非鱼在中国的适生区

图 3.10 显示了 RCP4.5 气候情景下 4 个未来时间段（2021～2040 年、2041～2060 年、2061～2080 年和 2081～2099 年）罗非鱼在中国的适宜分布。如图 3.10 和表 3.8 所

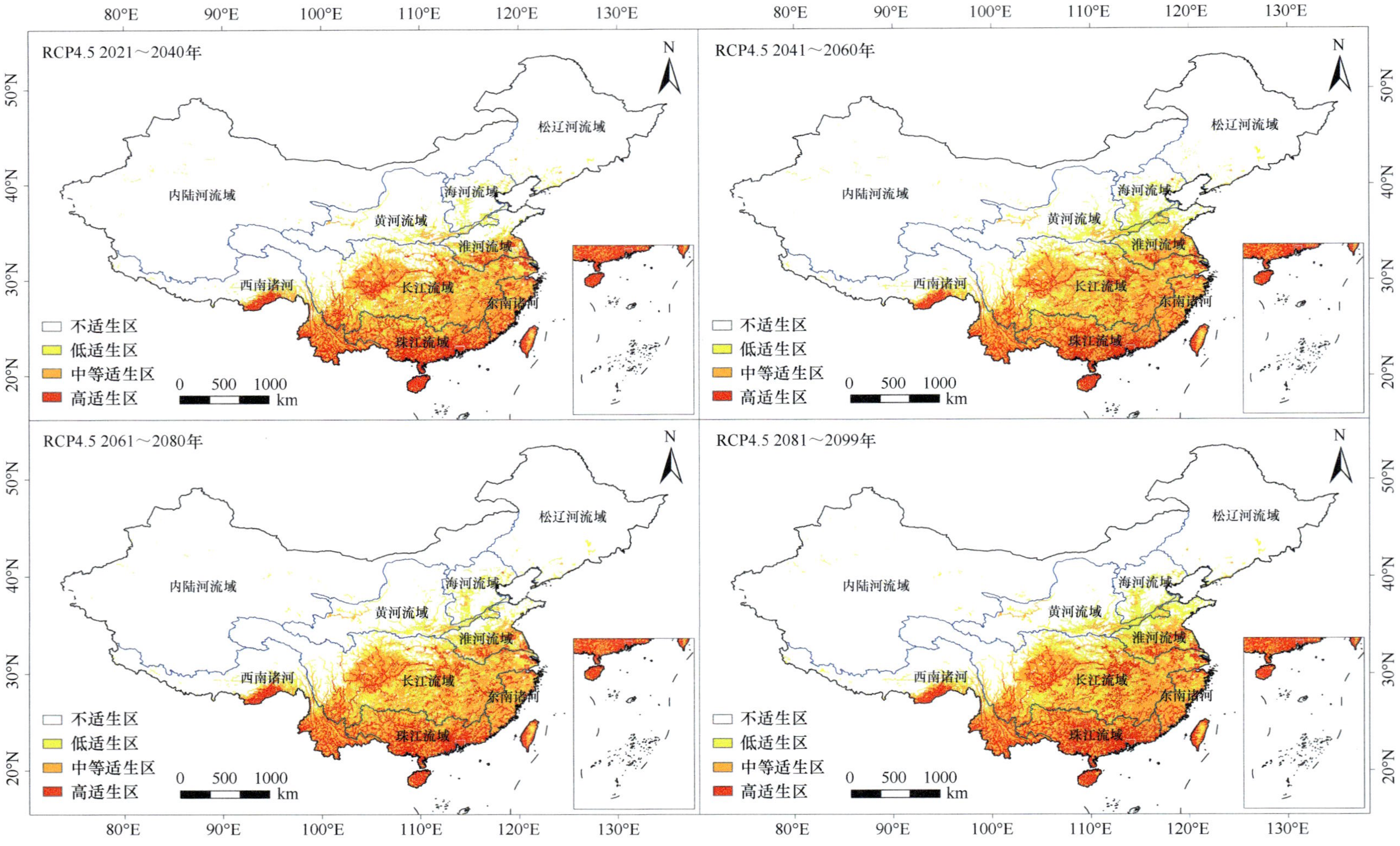

图 3.10 RCP4.5 情景下基于 MaxEnt 模型的罗非鱼在中国的适生区

示，低适生区减少，中等适生区和高适生区增加。低适生区从当前的 92.19×10⁴km² 在未来分别减少到 66.35×10⁴km²（2021～2040 年）、85.91×10⁴km²（2041～2060 年）、79.93×10⁴km²（2061～2080 年）和 81.74×10⁴km²（2081～2099 年）。中等适生区从当前的 110.88×10⁴km² 在未来分别增加到 113.03×10⁴km²（2021～2040 年）、123.07×10⁴km²（2041～2060 年）、117.19×10⁴km²（2061～2080 年）和 122.08×10⁴km²（2081～2099 年）。高适生区从当前的 54.12×10⁴km² 在未来分别增加到 63.19×10⁴km²（2021～2040 年）、56.47×10⁴km²（2041～2060 年）、57.16×10⁴km²（2061～2080 年） 和 66.76×10⁴km²（2081～2099 年）。

表 3.8 气候变化情景下罗非鱼适生区预测面积

情景	时期	低适生区		中等适生区		高适生区	
		面积 /($\times 10^4$km^2)	比例 /%	面积 /($\times 10^4$km^2)	比例 /%	面积 /($\times 10^4$km^2)	比例 /%
当前	1976～2005	92.19	100	110.88	100	54.12	100
RCP2.6	2021～2040	84.54	91.71	116.61	105.17	56.47	104.34
	2041～2060	92.02	99.82	111.99	101.00	65.80	121.58
	2061～2080	77.30	83.85	109.12	98.41	63.04	116.48
	2081～2099	86.28	93.59	113.24	102.13	57.59	106.41
RCP4.5	2021～2040	66.35	71.97	113.03	101.94	63.19	116.74
	2041～2060	85.91	93.19	123.07	110.99	56.47	104.32
	2061～2080	79.93	86.70	117.19	105.69	57.16	105.61
	2081～2099	81.74	88.66	122.08	110.10	66.76	123.35
RCP6.0	2021～2040	89.28	96.84	116.41	104.99	56.25	103.93
	2041～2060	78.81	85.49	111.35	100.42	54.83	101.31
	2061～2080	69.60	75.50	111.16	100.25	66.06	122.04
	2081～2099	103.35	112.11	105.38	95.04	65.92	121.79
RCP8.5	2021～2040	102.27	110.93	106.72	96.25	50.56	93.41
	2041～2060	102.22	110.88	106.25	95.82	68.63	126.80
	2061～2080	80.17	86.96	110.41	99.58	66.80	123.42
	2081～2099	92.29	100.11	101.91	91.91	77.20	142.64

注：比例为未来情景下适生区预测面积与当前适生区预测面积的百分比

质心迁移轨迹计算结果如表 3.9 所示。在 RCP2.6 气候情景中，中高适生区质心向东南迁移 17.36km（2021～2040 年）、向西南迁移 30.11km（2041～2060 年）、向东南迁移 40.78km（2061～2080 年）和向西南迁移 17.68km（2081～2099 年）。在 RCP4.5 气候情景中，中高适生区质心向东南迁44.88km（2021～2040年）、向东南迁移28.96km（2041～2060年）、向东南迁移25.70km（2061～2080年）和向东南迁移12.72km（2081～2099年）。在RCP6.0气候情景中，中高适生区质心向西南迁移6.62km（2021～2040年）、向东南迁移35.59km（2041～2060年）、向东南迁移39.20km（2061～2080年）和向东北迁移11.05km（2081～2099年）。在RCP8.5气候情景中，中高适生区质心向东南迁移13.70km（2021～2040年）、向西南迁移9.58km（2041～2060年）、向西南迁移21.02km（2061～2080年）和向西南迁移11.32km（2081～2099年）。

表3.9　罗非鱼中高适生区在不同气候情景下的迁移距离和方向

情景	时期	中高适生区质心坐标		方向	迁移距离/km	适宜性总和	适宜性均值
		纬度/(°N)	经度/(°E)				
当前	1976～2005	27.9507	109.6520	–	–	12 936.879 0	0.093 5
RCP2.6	2021～2040	27.8239	109.7551	东南	17.36	12 829.096 1	0.092 8
	2041～2060	27.7259	109.4811	西南	30.11	13 429.799 7	0.097 1
	2061～2080	27.7108	109.9661	东南	40.78	12 832.710 8	0.092 8
	2081～2099	27.7946	109.6177	西南	17.68	12 768.594 7	0.092 3
RCP4.5	2021～2040	27.5604	109.7682	东南	44.88	12 932.380 2	0.093 5
	2041～2060	27.7961	109.8893	东南	28.96	12 941.584 4	0.093 6
	2061～2080	27.7204	109.6742	东南	25.70	12 993.289 9	0.093 9
	2081～2099	27.9078	109.7721	东南	12.72	13 919.695 1	0.100 6
RCP6.0	2021～2040	27.9084	109.6046	西南	6.62	12 812.567 0	0.092 6
	2041～2060	27.6366	109.7216	东南	35.59	12 377.884 6	0.089 5
	2061～2080	27.6270	109.8101	东南	39.20	13 157.746 0	0.095 1
	2081～2099	28.0492	109.6666	东北	11.05	13 491.224 8	0.097 5
RCP8.5	2021～2040	27.8373	109.7066	东南	13.70	11 980.442 5	0.086 6
	2041～2060	27.9110	109.5655	西南	9.58	13 308.878 4	0.096 2
	2061～2080	27.7617	109.6448	西南	21.02	13 403.403 7	0.096 9
	2081～2099	27.8931	109.5570	西南	11.32	14 101.091 3	0.102 0

在RCP2.6和RCP4.5气候情景中，适宜性总和与适宜性均值呈波动变化。在RCP6.0气候情景中，适宜性总和与适宜性均值缓慢升高。在RCP8.5气候情景中，适宜性总和与适宜性均值显著升高。

2081～2099年RCP8.5情景下罗非鱼在中国的高适生区较当前高适生区覆盖面积从$54.12\times10^4km^2$增加到了$77.20\times10^4km^2$，增幅达到了42.65%（表3.8）。长江流域、东南流域和海河流域中许多罗非鱼的低、中等适生区转变为高适生区，罗非鱼高适生区逐渐由珠江流域向更高纬度的流域扩张（图3.11）。

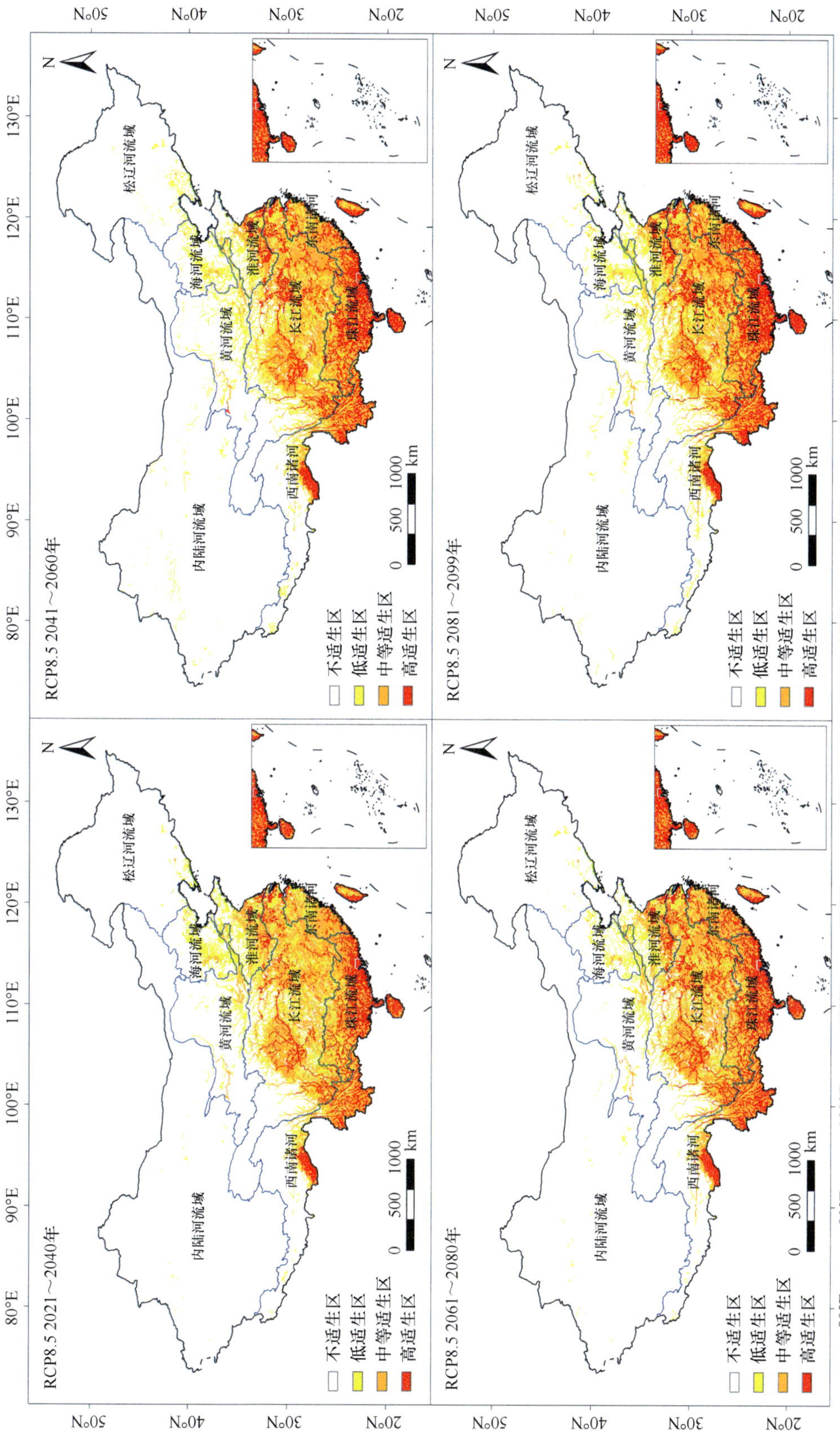

图 3.11 RCP8.5 情景下基于 MaxEnt 模型的罗非鱼在中国的适生区

当前情景下罗非鱼在中国的适生区主要集中在珠江、长江、西南和东南等南方流域（图 3.9 和表 3.7）。在 ArcGIS 10.8 中计算得出当前情景下罗非鱼在中国的总适宜面积为 $257.19\times10^4km^2$，其中低适生区占 35.8%、中等适生区占 43.1%、高适生区占 21.0%。然而，罗非鱼适生区的研究大多在南非开展，无法类比支撑本研究的结果，但本研究模拟的适生区分布与文献和数据库中记载的分布记录基本一致（Zengeya et al.，2012；Gu et al.，2019）。

全球气候变暖引起全球水温升高，导致生物入侵和栖息地丧失加剧（Lima et al.，2018；Dahlke et al.，2018；吴建国，2015）。最新的第六次耦合模式比较计划（Coupled Model Intercomparison Project 6，CMIP6）模型显示，在 SSP126、SSP245 和 SSP585 情景下，预计温度将分别升高 1.3～2.9℃、2.1～4.3℃和 3.8～7.4℃。因此，本研究基于 FutureStreams 数据集预测了未来罗非鱼在中国的适生区对气候变化的响应。结合图 3.9 至图 3.11 和表 3.8，得出 RCP2.6、RCP4.5 和 RCP6.0 代表性浓度路径下，未来罗非鱼中高适生区增加、低适生区减少，分析表明这是由非适生区转变为低适生区不足以抵消低适生区转变为中、高适生区导致的。而在 RCP8.5 气候情景下，2081～2099 年罗非鱼在中国的高适生区面积增加到了 $77.20\times104km^2$，增幅达到了 42.65%（当前高适生区面积为 $54.12\times10^4km^2$），低适生区面积大小基本维持不变（表 3.8 和图 3.12）。在气候变化影响下，罗非鱼的中高适生区质心南移，未来珠江、长江、西南和东南等南方流域变得更适宜罗非鱼生存；未来罗非鱼在中国的适宜性总和和均值显著增加，罗非鱼在中国的入侵风险加剧（表 3.9）。

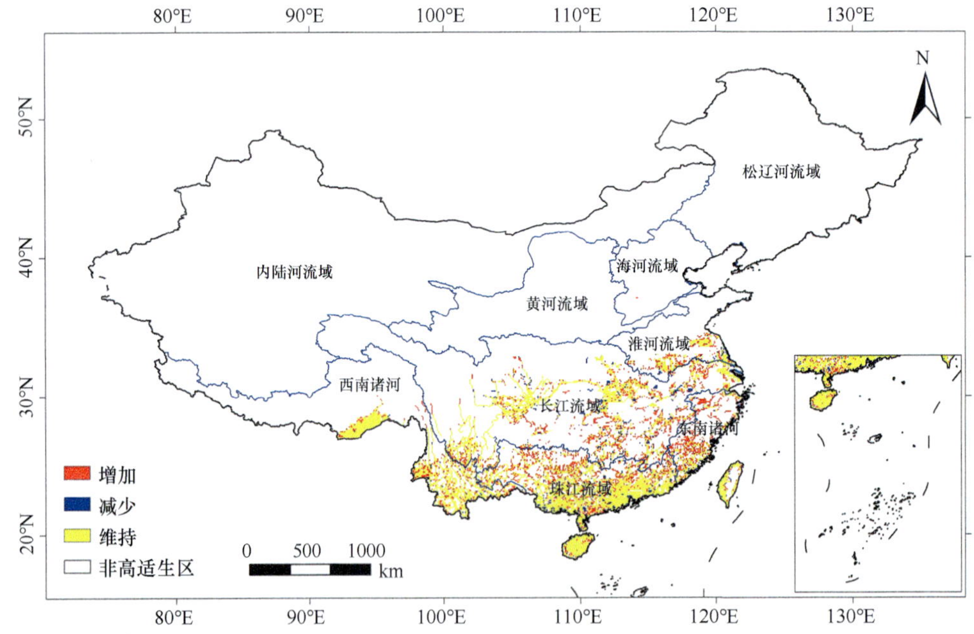

图 3.12　2081～2099 年 RCP8.5 情景下罗非鱼在中国高适生区较当前的变化

3.3 食蚊鱼

食蚊鱼（*Gambusia affinis*）是原产于北美洲的一种小型鱼类，也是全球最具入侵性与破坏性的鱼类之一（Pyke，2005）。食蚊鱼具有生长繁殖速度快、食性杂、环境适应能力强等特点，其入侵不仅会威胁土著种和濒危物种的种群数量，还会导致当地群落结构和生态系统功能的破坏。有研究表明，食蚊鱼的入侵会对水体中无脊椎动物丰度产生严重影响，目前已被IUCN认定为世界上100种恶性外来入侵物种之一（Harmon and Smith，2021；Tsang and Dudgeon，2021）。出于生物防治的目的，食蚊鱼于1927年引入中国大陆，用于控制蚊虫繁殖和疟疾传播，在引入国内后迅速扩散，目前已广泛分布于我国的南方水域（Gao et al.，2017）。调查表明，食蚊鱼的捕食活动可能导致我国二级重点保护野生鱼类唐鱼（*Tanichthys albonubes*）的自然种群遭到严重危害（陈国柱，2010），也有研究显示，食蚊鱼的入侵导致我国华南水域中两种土著青鳉，即弓背青鳉（*Oryzias curvinotus*）和鳍斑青鳉（*O. pectoralis*）的种群数量明显下降（肖乔芝等，2020）。

MaxEnt模型是由Phillips等（2006）开发的一种应用于预测物种潜在分布区的软件，是以最大熵理论为基础的物种分布预测模型，也是目前应用最为广泛的一种物种分布模型。构建MaxEnt模型所需的数据为物种已知的分布数据及相应的环境变量数据。

食蚊鱼的分布点位数据主要通过以下方式获得：①野外调查，在“长江渔业资源与环境调查（2017—2021）”项目中，在长江干流、支流及通江湖泊设置65个调查点位，展开渔业资源调查，记录捕获到食蚊鱼的坐标数据共95条；②文献调研，通过查阅国内外公开发表有关食蚊鱼的期刊论文（2008～2021年），记录文中食蚊鱼具体采样点位的坐标数据125条。

两种方法共收集数据220条，为了避免点之间空间自相关而导致模型的过度拟合（Boria et al.，2014），采用ArcGIS 10.8的点距离分析工具（analysis tools/point distance），剔除重复及距离过近的点，最终得到有效记录131条，用Excel软件将分布数据保存为MaxEnt模型所需要的*. csv格式。研究表明，在样本量超过90个以后，MaxEnt模型的预测结果即可达到稳定（陈新美等，2012），因此本研究可达到较稳定的预测结果。

将*.csv格式的食蚊鱼分布点位数据和环境变量数据导入MaxEnt 3.4.1软件中，随机选取75%的点位作为训练集（training data），剩余25%的分布点位为测试集（test data），选择自举法重复运算10次，其余参数保持默认，并以logistic格式输出结果。选择刀切法确定各环境因子对物种分布的贡献率，同时运用该方法检验各环境因子对食蚊鱼分布的影响，得到影响食蚊鱼分布的主导环境因子。

使用ROC曲线下的AUC值来对模型预测结果进行检验。AUC值越大，表示选择的环境变量与预测的物种地理分布之间的相关性越大，证明该模型的预测精度越高。一般认为，模型预测结果可被分为失败（$0.5 \leqslant AUC < 0.6$）、较差（$0.6 \leqslant AUC < 0.7$）、一般（$0.7 \leqslant AUC < 0.8$）、良好（$0.8 \leqslant AUC < 0.9$）、优秀（$0.9 \leqslant AUC \leqslant 1$）。

MaxEnt 模型的预测结果显示，10 次重复运行后的平均 AUC 值为 0.977，标准偏差为 0.003，达到优秀水平，证明食蚊鱼分布数据与参与构建模型的环境变量具有较强的相关性，模型的预测结果具有较高的准确性。

选取 10 次重复运行结果的平均值作为食蚊鱼潜在地理分布的结果，导出至 ArcGIS10.8 并进行重分类，将物种潜在分布概率划分为 4 个等级：$P \leqslant 0.05$ 为非风险区域、$0.05 \leqslant P < 0.2$ 为低风险区域、$0.2 \leqslant P < 0.5$ 为中风险区域、$P \geqslant 0.5$ 为高风险区域，得到食蚊鱼在我国的潜在入侵风险分布图（图 3.13）。结果显示，食蚊鱼在长江流域潜在地理分布面积为 $81.3 \times 10^4 km^2$，其中低风险区面积为 $59.2 \times 10^4 km^2$，中风险区面积为 $17.2 \times 10^4 km^2$，食蚊鱼在我国的高风险区域主要为长江口、长江中下游干流及洞庭湖和鄱阳湖等地区，面积为 $4.9 \times 10^4 km^2$。

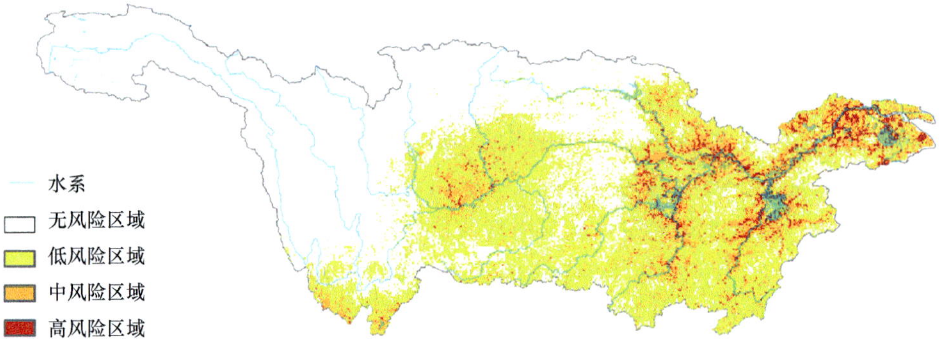

图 3.13　食蚊鱼在中国入侵风险区域分布图

MaxEnt 模型的环境因子相对贡献率表明（表 3.10），影响食蚊鱼地理分布的主要环境因子是年平均最低水温和人口密度，其中贡献率前 4 的因子分别为年平均最低水温（39.0%）、人口密度（32.8%）、最干月降水量（10.2%）、海拔（9.4%）。

表 3.10　各变量对模型的贡献率

变量	贡献率 /%	变量	贡献率 /%
年平均最低水温 /℃	39.0	坡向 /(°)	2.1
人口密度 /(人 /km²)	32.8	年平均水温 /℃	1.2
最干月降水量 /mm	10.2	最湿月降水量 /mm	0.7
海拔 /m	9.4	距居民点距离 /m	0.5
坡度 /(°)	4.0		

由 MaxEnt 模型运行结果生成的响应曲线表明物种潜在分布概率和生态因子阈值范围之间的关系。根据模型各变量贡献率分析结果，选取年平均最低水温、人口密度、最干月降水量、海拔这 4 个因子，当潜在分布概率 $P \geqslant 0.5$，对应的环境变量范围适宜食蚊鱼的生存，

是食蚊鱼入侵的高风险区域。如图 3.14 所示，食蚊鱼在年平均最低水温高于 5℃的环境，其潜在分布概率高于 0.5，曲线在 19℃时达到峰值，随后潜在分布概率随着水温的升高缓慢下降。食蚊鱼的潜在分布概率与人口密度呈现正相关关系，与海拔呈现负相关关系。最干月降水量在 20～65mm 时，食蚊鱼潜在分布概率较高，在 34mm 时达到峰值。

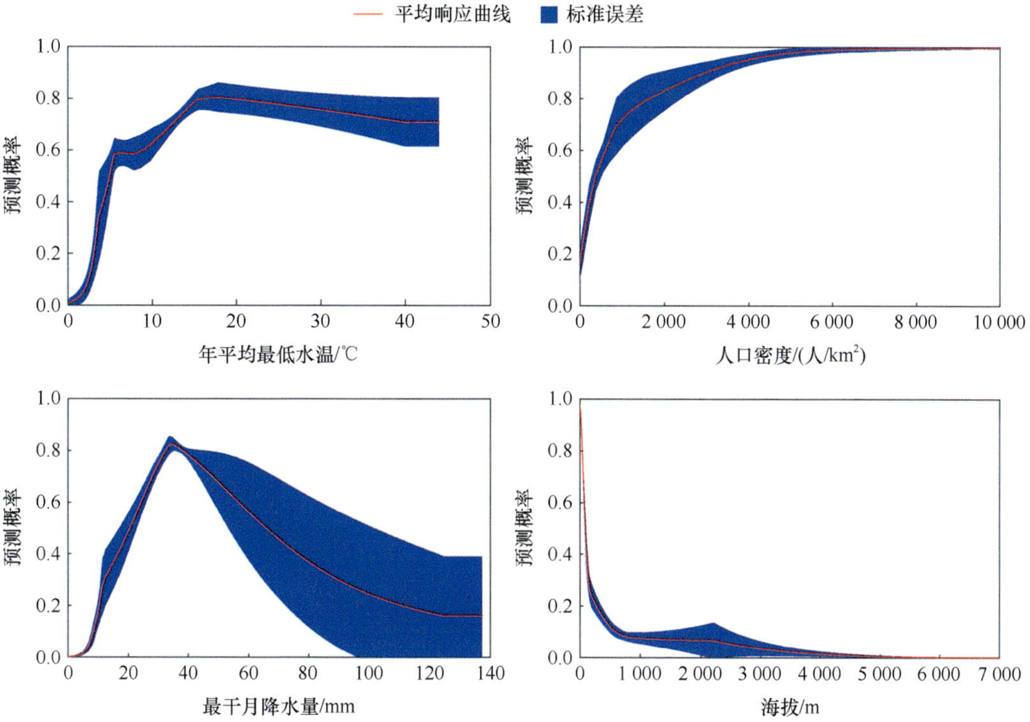

图 3.14　主导环境因子的响应曲线

本研究除选择水温、地形、气候等非生物变量外，还选择了人口密度等人为因素参与模型构建。人为因素作为影响外来物种入侵的最重要因素之一，受到了越来越多人的关注，也有越来越多的学者将人类活动作为重要变量来构建物种分布模型（油志远等，2022；钱天陆等，2022）。本研究结果也确实表明了人为因素具有较高的贡献率。年平均最低水温、人口密度、最干月降水量和海拔是影响食蚊鱼分布的主要变量，单从环境因子的贡献率来看，本研究所得结果与其他学者的结果具有一定的相似性。例如，Milardi 等（2022）通过增强回归树模型（boosted regression tree，BRT）对入侵鱼类进行分析，发现人为干扰和温度是影响淡水鱼类入侵的重要驱动性因素；Poulos 等（2012）采用 MaxEnt 模型预测了黑口新虾虎鱼在美洲大陆的潜在地理分布，同样作为小型淡水入侵鱼类，影响其地理分布的最重要环境因素是温度、降水量及地形。

年平均最低水温是限制食蚊鱼分布的最重要环境变量，响应曲线显示食蚊鱼适宜生活在年平均最低水温高于 5℃的环境下，在年平均最低水温达到 19℃时，食蚊鱼具有最高的分布概率，这一点可以从繁殖和活动的角度来解释。适宜的温度范围是生物正常生长、繁殖和捕食的必要条件，虽然食蚊鱼具有较高的温度耐受性，可以在 0～45℃的温度范围内存活，但过高或过低的水温都会影响其正常生长和繁殖。有研究表明，雄性食蚊鱼的求偶行为会受到水温的影响，在水温低于 10℃这一阈值时，食蚊鱼将不会进行交配（Pyke，2005）。Wilson（2005）的实验表明，在水温小于 18℃和大于 34℃时，食蚊鱼的繁殖能力有所下降，并且其游泳能力随温度的改变有较大的变化。Magellan（2019）的研究也发现，在高温环境下生活的食蚊鱼比低温环境下生活的食蚊鱼具有更强的探索性和更远的扩散距离。海拔对模型的贡献率为 9.4%，预测结果表明，食蚊鱼在海拔越高的区域有着更高的分布概率，考虑到温度一般随海拔的升高呈现递减的趋势（池秀莲和唐志尧，2011），一定程度上可以认为食蚊鱼是基于温度选择海拔较低的地区。

人口密度这一变量对模型的贡献率（32.8%）仅次于年平均最低水温，目前已有许多研究表明人为因素是影响外来鱼类分布与扩散的重要变量。例如，Leprieur 等（2008）探究了全球 1055 条河流中外来鱼类和环境变量的关系，结果表明人为活动是影响河流非土著鱼类丰度的最关键因素。Zhao 等（2019）通过广义线性模型（generalized linear model，GLM）分析了我国辽河流域外来鱼类分布特点，结果表明非土著鱼类的分布与人为活动和社会经济发展呈正相关。食蚊鱼体型较小，且并不具备很强的游泳能力，在水域中自然扩散的能力有限，其传播的途径主要是人为的丢弃或放生，在人口密度越高的地区，外来鱼类养殖与观赏鱼产业规模越大，食蚊鱼被丢弃或放养到自然水域的可能性更高。

研究结果显示，食蚊鱼当前的潜在地理分布主要为长江中下游流域，而在未来气候变化的情况下，其地理分布范围可能会较当前有所增加。年平均最低水温是限制食蚊鱼分布的最关键变量，而未来气候变暖几乎是必然的趋势，未来温度的升高将提高食蚊鱼的探索能力和扩散距离，我国适宜食蚊鱼生存的区域范围也将扩大，这可能导致食蚊鱼进一步扩散。Jourdan 等（2021）运用 6 种算法的加权模型预测了食蚊鱼在全球的分布，在未来气候条件下（2081～2100 年），物种的分布范围将会扩大。Xiong 等（2019）通过调查食蚊鱼季节性栖息地的选择，也预测在气候变化下，其在中国的活动范围可能从长江流域进一步向北扩散。

参 考 文 献

陈国柱 . 2010. 入侵种食蚊鱼与土著濒危物种唐鱼的种间关系研究 . 暨南大学博士学位论文 .

陈新美，雷渊才，张雄清，等 . 2012. 样本量对 MaxEnt 模型预测物种分布精度和稳定性的影响 . 林业科学，48: 53-59.

池秀莲，唐志尧 . 2011. 面积、温度及分布区限制对物种丰富度海拔格局的影响：以秦岭太白山为例 . 植物生态学报，35: 362-370.

农业农村部渔业渔政管理局，全国水产技术推广总站，中国水产学会 . 2022. 2022 中国渔业统计年鉴，北京：中国农业出版社 .

钱天陆，秦淑洁，吴朝宁，等 . 2022. 基于 MaxEnt 模型的人类干扰对滇金丝猴潜在分布的影响 . 兽类学报，42: 349-361.

万方浩，侯有明，蒋明星 . 2015. 入侵生物学 . 北京：科学出版社 .

王婷，周道玮，神祥金，等 . 2020. 中国柯本气候分类 . 气象科学，40(6): 752-760.

王运生，谢丙炎，万方浩，等. 2007. ROC 曲线分析在评价入侵物种分布模型中的应用. 生物多样性, 15(4): 365-372.

王卓妮，袁佳双，庞博，等. 2022. IPCC AR6 WGIII 报告减缓主要结论、亮点和启示. 气候变化研究进展, 18(5): 531-537.

吴建国. 2015. 气候变化影响与风险：气候变化对生物多样性影响与风险研究. 北京：科学出版社.

肖乔芝，陈利娟，金锦锦，等. 2020. 青鳉与食蚊鱼竞争排斥的生态形态学解释. 应用生态学报, 31: 2087-2097.

杨海乐，沈丽，何勇凤，等. 2023. 长江水生生物资源与环境本底状况调查 (2017-2021). 水产学报, 47(2): 029301.

易雨君，张尚弘. 2019. 水生生物栖息地模拟. 北京：科学出版社.

油志远，王茗，鲁碧耕，等. 2022. 基于 MaxEnt 模型预测蓝马鸡的潜在分布区. 生态学杂志, 41(11): 2271-2277.

中国气象局气候变化中心. 2022. 中国气候变化蓝皮书 (2022). 北京：科学出版社.

Bae M J, Murphy C A, García-Berthou E. 2018. Temperature and hydrologic alteration predict the spread of invasive Largemouth Bass (*Micropterus salmoides*). Science of the Total Environment, 639: 58-66.

Boria R A, Olson L E, Goodman S M, et al. 2014. Spatial filtering to reduce sampling bias can improve the performance of ecological niche models. Ecol Model, 275: 73-77.

Bosmans J, Wanders N, Bierkens M, et al. 2022. FutureStreams, a global dataset of future streamflow and water temperature. Scientific Data, 9: 307.

Caissie D. 2006. The Thermal Regime of Rivers: A Review. Freshwater Biology, 51: 1389-1406.

Carmichael G J, Williamson J H, Woodward C A C, et al. 1988. Communications: Responses of northern, Florida, and hybrid largemouth bass to low temperature and low dissolved oxygen. The Progressive Fish-Culturist, 50(4): 225-231.

Coutant C C. 1975. Responses of bass to natural and artificial temperature regimes. Roane County: Oak Ridge National Laboratory.

Dahlke F, Butzin M, Nahrgang J, et al. 2018. Northern cod species face spawning habitat losses if global warming exceeds 1.5℃. Science Advances, 4: 8821-8849.

Dormann C, Elith J, Bacher S, et al. 2013. Collinearity: A review of methods to deal with it and a simulation study evaluating their performance. Ecography, 36: 27-46.

Eaton J G, McCormick J H, Goodno B E, et al. 1995. A field information-based system for estimating fish temperature tolerances. Fisheries, 20(4): 10-18.

Ellender B R, Weyl O L F. 2014. A review of current knowledge, risk and ecological impacts associated with non-native freshwater fish introductions in South Africa. Aquatic Invasions, 9(2): 117-132.

FAO. 2022. The State of World Fisheries and Aquaculture 2022. Rome: FAO.

Fick S E, Hijmans R J. 2017. WorldClim 2: New 1 - km spatial resolution climate surfaces for global land areas. International Journal of Climatology, 37(12): 4302-4315.

Gao J, Ouyang X, Chen B, et al. 2017. Molecular and morphometric evidence for the widespread introduction of western Mosquitofish *Gambusia affinis* (Baird and Girard, 1853) into freshwaters of mainland China. Bioinvasions Rec, 6: 281-289.

Gu D, Yu F, Yang Y, et al. 2019. Tilapia fisheries in Guangdong Province, China: Socio-economic benefits, and threats on native ecosystems and economics. Fisheries Management and Ecology, 26: 97-107.

Harmon J J, Smith G R. 2021. Invasive fish (*Gambusia affinis*) as an ecological filter for macroinvertebrate colonization of experimental ponds. Freshw Sci, 40: 151-161.

Jourdan J, Riesch R, Cunze S. 2021. Off to new shores: Climate niche expansion in invasive mosquitofish (*Gambusia* spp.). Ecology and Evolution, 11(24): 18369-18400.

Kassler T, Koppelman J, Dillman C, et al. 2003. Speciation in North American black basses, *Micropterus* (Actinopterygii: Centrarchidae). Evolution, 57: 1610-1621.

Krause J, Staaks G, Mehner T. 1998. Habitat choice in shoals of roach as a function of water temperature and feeding rate. Journal of Fish Biology, 53: 377-386.

Landsman S J, Gingerich A J, Philipp D P, et al. 2011. The effects of temperature change on the hatching success and larval survival of largemouth bass *Micropterus salmoides* and smallmouth bass *Micropterus dolomieu*. Journal of Fish Biology, 78(4): 1200-1212.

Lauria V, Gristina M, Attrill M, et al. 2015. Predictive habitat suitability models to aid conservation of elasmobranch diversity in the central Mediterranean Sea. Scientific Reports, 5: 13245.

Leprieur F, Beauchard O, Blanchet S, et al. 2008. Fish invasions in the world's river systems: When natural processes are blurred by human activities. PLoS Biology, 6(2): e28.

Lima L, Oliveira F, Giacomini H, et al. 2018. Expansion of aquaculture parks and the increasing risk of non-native species invasions in Brazil. Reviews in Aquaculture, 10(1): 111-122.

Liu D, Xu Y, Guo S, et al. 2018. Stream temperature response to climate change and water diversion activities. Stochastic Environmental Research and Risk Assessment, 32(5): 1397-1413.

Liu J, Diamond J. 2005. China's Environment in a Globalizing World. Nature, 435: 1179-1186.

Low B W, Yiwen Z, Tan H, et al. 2021. Predictor complexity and feature selection affect MaxEnt model transferability: Evidence from global freshwater invasive species. Diversity and Distributions, 27: 497-511.

Lowe S, Browne M, Boudjelas S, et al. 2000. 100 of the World's Worst Invasive Alien Species: A Selection From the Global Invasive Species Database. Auckland: The Invasive Species Specialist Group (ISSG) a specialist group of the Species Survival Commission (SSC) of the World Conservation Union (IUCN).

Luger A M, South J, Alexander M E, et al. 2020. Ecomorphology of largemouth bass relative to a native trophic analogue explains its high invasive impact. Biological Invasions, 22: 2223-2233.

Magellan K. 2019. Temperature effects on exploratory behaviour and learning ability of invasive Mosquitofish. Aquatic Invasions, 14: 502-517.

Mamun M, Kim S, An K G. 2018. Distribution pattern prediction of an invasive alien species largemouth bass using a maximum entropy model (MaxEnt) in the Korean Peninsula. Journal of Asia-Pacific Biodiversity, 11(4): 516-524.

Markus H C. 1932. The extent to which temperature changes influence food consumption in largemouth bass (*Huro floridana*). Transactions of the American Fisheries Society, 62(1): 202-210.

Maron S Z, Neifert S N, Ranson W A, et al. 2020. Elixhauser comorbidity measure is superior to Charlson comorbidity index in-predicting hospital complications following elective posterior cervical decompression and fusion. World Neurosurgery, 138: e26-e34.

McGarvey D, Menon M, Woods T, et al. 2018. On the use of climate covariates in aquatic species distribution models: Are we at risk of throwing the baby out? Ecography, 41: 695-712.

Milardi M, Iemma A, Waite I R, et al. 2022. Natural and anthropogenic factors drive large-scale freshwater fish invasions. Scientific Reports, 12(1): 10465.

Miranda L E, Muncy R J. 1987. Recruitment of young-of-year largemouth bass in relation to size structure of parental stock. North American Journal of Fisheries Management, 7(1): 131-137.

Mohseni O, Stefan H, Eaton J. 2003. Global warming and potential changes in fish habitat in U.S. streams. Climatic Change, 59: 389-409.

Nestler J, Milhous R, Payne T, et al. 2019. History and review of the habitat suitability criteria curve in applied aquatic ecology: Review of habitat suitability criteria in aquatic ecology. River Research and Applications, 35: 1-26.

Noce S, Caporaso L, Santini M. 2020. A new global dataset of bioclimatic indicators. Scientific Data, 7(1): 398.

Pastor A V, Ludwig F, Biemans H, et al. 2014. Accounting for environmental flow requirements in global water assessments. Hydrology and Earth System Sciences, 18(12): 5041-5059.

Peel M, Finlayson B, Mcmahon T. 2007. Updated world map of the Koppen-Geiger climate classification. Hydrology and Earth System Sciences, 11: 1633-1644.

Pereira F W, Vitule J R S. 2019. The largemouth bass *Micropterus salmoides* (Lacepède, 1802): Impacts of a powerful freshwater fish predator outside of its native range. Reviews in Fish Biology and Fisheries, doi:10.1007/s11160-019-09570-2.

Phillips S J, Anderson R P, Schapire R E. 2006. Maximum entropy modeling of species geographic distributions. Ecological Modelling, 190(3-4): 231-259.

Phillips S, Dudík M. 2008. Modeling of species distributions with MAXENT: New extensions and a comprehensive evaluation. Ecography, 31: 161-175.

Poulos H M, Chernoff B, Fuller P L, et al. 2012. Ensemble forecasting of potential habitat for three invasive fishes. Aquatic Invasions, 7(2): 59-72.

Pyke G H. 2005. A review of the biology of *Gambusia affinis* and *G. holbrooki*. Rev Fish Biol Fisher, 15: 339-365.

Rice J A, Breck J E, Bartell S M, et al. 1983. Evaluating the constraints of temperature, activity and consumption on growth of largemouth bass. Environmental Biology of Fishes, 9: 263-275.

Theoharides K, Dukes J. 2007. Plant invasion across space and time: Factors affecting nonindigenous species success during four stages of invasion. New Phytologist, 176: 256-273.

Tsang A, Dudgeon D. 2021. A manipulative field experiment reveals the ecological effects of invasive mosquitofish (*Gambusia affinis*) in a tropical wetland. Freshwater Biol, 66: 869-883.

Van Der Walt J A, Weyl O L F, Woodford D J, et al. 2016. Spatial extent and consequences of black bass (*Micropterus* spp.) invasion in a Cape Floristic Region river basin. Aquatic Conservation: Marine and Freshwater Ecosystems, 26(4): 736-748.

van Vliet M, Franssen W, Yearsley J, et al. 2013. Global river discharge and water temperature under climate change. Global Environmental Change, 23: 450-464.

Wanders N, van Vliet M, Wada Y, et al. 2019. High-resolution global water temperature modeling. Water Resources Research, 55: 2760-2778.

Weyl O, Ellender B. 2014. A review of current knowledge, risk and ecological impacts associated with non-native freshwater fish introductions in South Africa. Aquatic Invasions, 9: 117-132.

Wilson R S. 2005. Temperature influences the coercive mating and swimming performance of male eastern mosquito fish. Anim Behav, 70: 1387-1394.

Xiong W, Guo C, Gozlan R, et al. 2022. Tilapia introduction in China: Economic boom in aquaculture versus ecological threats to ecosystems. Reviews in Aquaculture, 15: 179-197.

Xiong W, Tao J, Liu C, et al. 2019. Invasive aquatic plant (*Alternanthera philoxeroides*) facilitates the invasion of western mosquitofish (*Gambusia affinis*) in Yangtze River, China. Aquatic Ecosystem Health & Management, 22(4): 408-416.

Zengeya T A, Robertson M P, Booth A J, et al. 2012. Ecological niche modeling of the invasive potential of Nile tilapia *Oreochromis niloticus* in African river systems: Concerns and implications for the conservation of indigenous congenerics. Biological Invasions, 15: 1507-1521.

Zhao K, Li C, Wang T, et al. 2019. Distribution and trophic pattern of non-native fish species across the Liao River Basin in China. Water, 11(6): 1217.

04

第 4 章 长江常见外来水生生物

4.1 外来鱼类

4.1.1 施氏鲟

• 名称

学名： *Acipenser schrenckii*

俗名： 史氏鲟、七粒浮鱼、黑龙江鲟

• 分类信息

鲟形目： Acipenseriformes

鲟科： Acipenseridae

鲟属： *Acipenser*

• 形态特征

施氏鲟是一种大型鱼类，最大的全长超过3m，体重超过190kg（Andrey et al., 2007）。体延长，呈圆锥形，无鳞而有5行骨板，背上有1行骨板，体侧和腹侧各有2行骨板（张觉民，1995），体侧骨板之间有许多呈疣状突起的骨化鳞甲，骨化鳞甲微小并呈小齿状（Evgenii et al., 2007）；头呈三角形，口小，呈花瓣状，伸出呈管状；鳃膜在峡部不连接。施氏鲟幼鱼在吻部的腹面具有5～9粒大小不等的粒状突起，平均7粒（张觉民，1995）。体色为灰色或褐色，腹部银白，胸鳍、腹鳍和臀鳍为浅灰色，仅幼鱼侧面有黑色条纹，胸鳍小，呈圆形，边缘被骨化（Evgenii et al., 2007）。

施氏鲟幼体（全长15.4cm）

施氏鲟成体（全长 105.4cm）

● 生态习性

施氏鲟为典型的河道鱼，生活在水的中下层，属于温水性鱼和冷水性鱼之间的类型，生存水温为 1～30℃，最适生长温度为 21℃左右。自然环境中喜栖息于砂砾底质的水域，喜水质清新、pH 7.0～8.5、溶氧 5mg/L 以上的水体，适温范围广，耐低温。

施氏鲟为杂食性鱼类但偏向动物食性，在天然水域中以水生昆虫幼虫、底栖动物及小型鱼类为食，也有食两栖类的情况。幼鱼的食物则以底栖生物及水生昆虫幼虫为主，如水蚤、摇蚊幼虫、水蚯蚓等。成鱼除摄取上述生物外，还摄食小型鱼类，如麦穗鱼、小鲫鱼、泥鳅等。性成熟的个体在产卵期摄食强度很低。在人工饲养条件下，经驯化的幼鲟和成鱼均摄食人工配合饲料（周景梅和李杰，2014）。

● 分布

施氏鲟在我国主要分布于黑龙江中游、松花江、乌苏里江；在国外分布于俄罗斯境内的阿穆尔河（黑龙江）河口、石勒喀河及额尔古纳河。被引种至长江流域后，因养殖逃逸，在长江干流、汉江、洞庭湖水域均有发现。

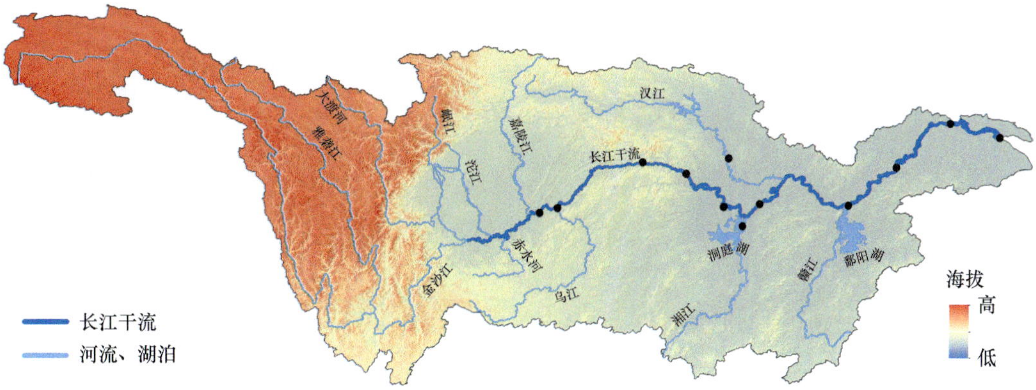

施氏鲟在长江自然水域的发现位置

● 生态风险

施氏鲟对长江水生生态系统的威胁主要体现在通过食物竞争，影响土著物种生存，此外还存在与土著鲟鱼杂交的潜在风险。

4.1.2 达乌尔鳇

• 名称

学名： *Huso dauricus*
俗名： 鳇鱼

• 分类信息

鲟形目： Acipenseriformes
鲟科： Acipenseridae
鳇属： *Huso*

• 形态特征

达乌尔鳇体延长，呈圆锥形，头尖、口大、无鳞，全身被5行骨板，口位于头腹面，似半月形，口前、吻的腹面有触须2对。吻呈三角形，比较尖。背骨板11～16枚，第一背骨板最大，位于身体最高处，有背鳞后骨板。侧骨板32～46枚，腹骨板7～13枚。背鳍条数26～35，臀鳍条数43～57，鳃耙数16～23。背部呈绿色或褐黄色，体两侧淡黄，腹部灰白色。与鲟鱼不同，达乌尔鳇的左右鳃膜相互连接，这是鳇和鲟的分类依据之一。

• 生态习性

达乌尔鳇常生活在水流较缓、砂砾底质的中下层江河内，不喜群居洄游，常分散活动；冬季在深水处越冬，初春开始向产卵场洄游；幼鱼以枝角类、摇蚊幼虫为食，成鱼以鲌、鲤、鲫等为食。性成熟在16龄以上，卵黄褐色、黏性，卵常黏附在砂砾上孵化，仔鱼孵化期较短，生长速度快，生长差异较大，通常在俄罗斯境内阿穆尔河（黑龙江）下游处生长最快，中游次之，上游最慢；寿命长，最高可达百岁。

• 分布

达乌尔鳇主要分布于黑龙江水系。被引种至长江流域后，因养殖逃逸，在长江干流水域均有发现。

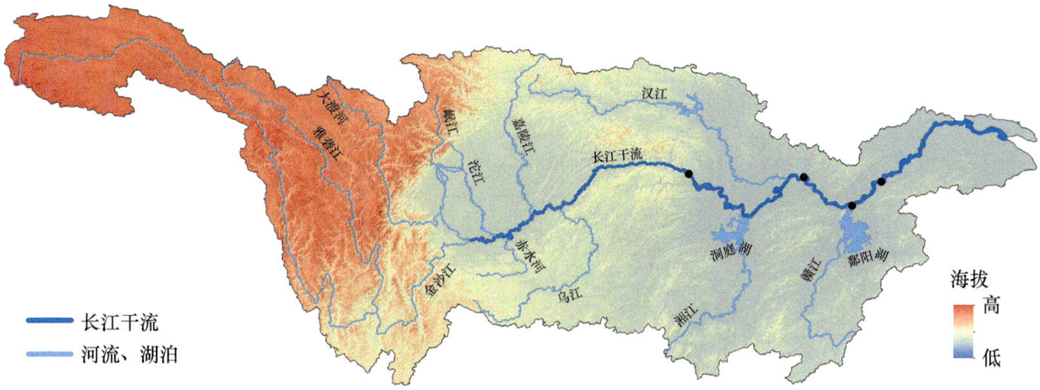

达乌尔鳇在长江自然水域的发现位置

• 生态风险

达乌尔鳇对长江水生生态系统的威胁主要体现在通过食物竞争，影响土著物种生存，甚至捕食小型土著鱼类，此外还存在与土著鲟鱼杂交的潜在风险。

4.1.3 俄罗斯鲟

• 名称

学名： *Acipenser gueldenstaedtii*

俗名： 俄国鲟、金龙王鲟

• 分类信息

鲟形目： Acipenseriformes

鲟科： Acipenseridae

鲟属： *Acipenser*

• 形态特征

俄罗斯鲟体延长，呈纺锤形。吻短而钝，略呈圆形；触须4根，位于吻端与口之间，须上无伞形纤毛；口小、横裂、略突出，下唇中央裂开；鳃耙不呈扇形，鳃耙数24～50；体表有5行骨板，背部和两侧分布有许多星状小骨板，体色变化较大；背鳍不分枝，鳍条27～51；臀鳍不分枝，鳍条18～33；背部灰黑色、浅绿色或墨绿色，腹部灰色或浅黄色，幼鱼背部呈蓝色，腹部白色。

• 生态习性

俄罗斯鲟属软骨硬鳞类，分河海洄游型和淡水定居型 2 种（Hensel and Holcik，1997）。洄游型俄罗斯鲟一生中大部分时间生活在河口下游、三角洲地带和与之相连的海洋中，性成熟季节从沿海、河口洄游到内陆江河中产卵，仔鱼孵出后即开始降海洄游，繁殖季节进入河流中产卵。有冬季种族和春季种族两种溯河产卵类型，冬季种族在夏季开始洄游至河流（伏尔加河），在翌年产卵。食物以底栖动物为主。初次性成熟雌鱼在 11～13 龄、雄鱼在 7～9 龄。

俄罗斯鲟的食性因河域不同而异。在伏尔加河的俄罗斯鲟摄食底栖动物，如摇蚊幼虫、端足目动物和寡毛纲环节动物等；在里海的俄罗斯鲟摄食端足目动物，稍大型的吞食软体动物、鱼虾类、摇蚊幼虫和蠕虫等；而在黑海格鲁吉亚沿岸水域，俄罗斯鲟幼鱼吞食甲壳动物，大型个体主要吞食软体动物和幼蟹等（王德星等，2003）。

• 分布

俄罗斯鲟广泛分布于里海、亚速海和黑海及流入这些海域的河流。中国黑龙江、新疆等地有引种养殖。因养殖逃逸，在嘉陵江、赤水河、长江干流水域均有发现。

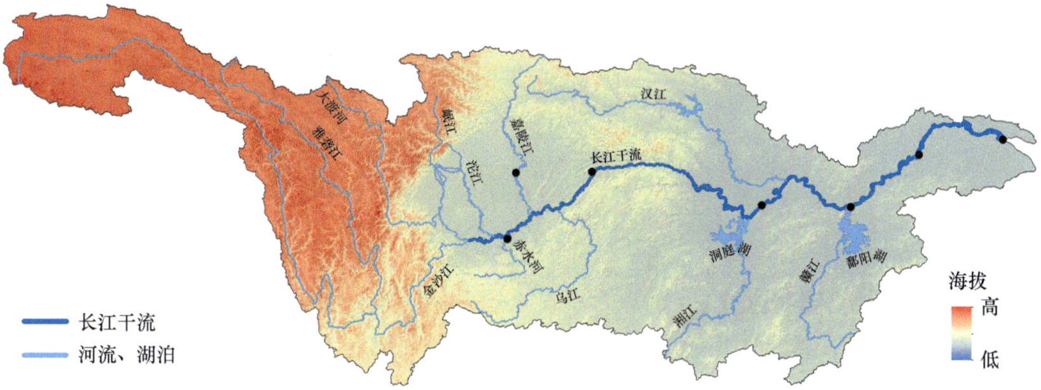

俄罗斯鲟在长江自然水域的发现位置

• 生态风险

俄罗斯鲟对长江水生生态系统的威胁主要体现在通过食物竞争，影响土著物种生存，此外还存在与土著鲟鱼杂交的潜在风险。

4.1.4 西伯利亚鲟

• 名称

学名： *Acipenser baerii*

俗名： 贝氏鲟、尖吻鲟

• 分类信息

鲟形目： Acipenseriformes

鲟科： Acipenseridae

鲟属： *Acipenser*

• 形态特征

西伯利亚鲟体呈长纺锤形，向尾部延伸变细，体型与生物学特性极似小体鲟。个体小，性成熟个体一般全长 90～130cm，最长达 2m，体重一般为 20～25kg，最重 200kg。体全长为头长的 3.7～6.1 倍，为体高的 6.0～11.1 倍。口前有 4 根圆柱形的吻须，具有喷水孔，口裂小，裂长不超过头侧，下唇中央中断，鳃盖膜不相连。体被 5 行骨板，在骨板与骨板行间分布着许多小骨板和微小的颗粒。幼鲟时，骨板较尖利；成鲟时，骨板则因磨损而呈钝状。背骨板 10～20 枚；侧骨板 32～62 枚，一般为 42～47 枚；腹骨板 7～16 枚。背鳍条不分枝，鳍条 30～50；臀鳍不分枝，鳍条 17～33 条。

• 生态习性

西伯利亚鲟为溯河性鱼类，食谱广，昆虫幼虫、贝类、甲壳类、鱼类等均可作为其食物（黄宁宇等，2010）。生长速度慢，性成熟晚，雌鱼一般在11～18龄、雄鱼在7～14龄，与分布地区有一定的关系。

• 分布

西伯利亚鲟在中国见于额尔齐斯河流域；在国外分布于俄罗斯鄂毕河至科雷马河等。我国从俄罗斯引进，因养殖逃逸，在长江干流、汉江、洞庭湖水域均有发现。

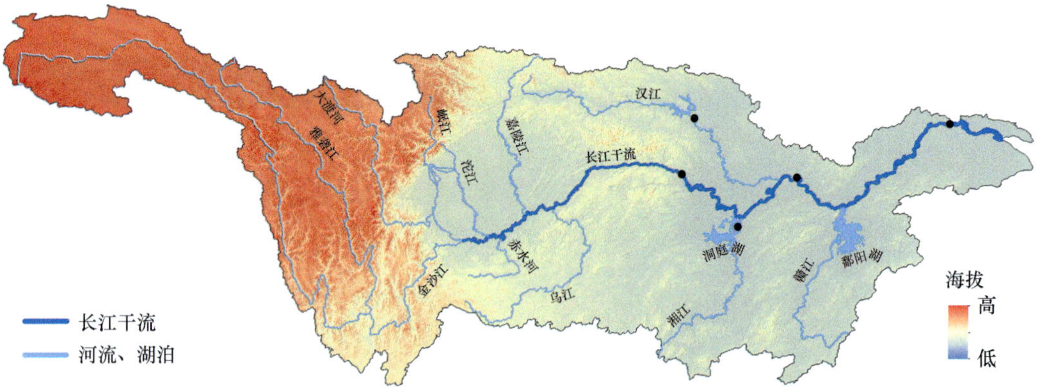

西伯利亚鲟在长江自然水域的发现位置

• 生态风险

西伯利亚鲟对长江水生生态系统的威胁主要体现在通过食物竞争，影响土著物种生存，此外还存在与土著鲟鱼杂交的潜在风险。

4.1.5 匙吻鲟

• 名称

学名： *Polyodon spathula*

俗名：鸭嘴鲟、美国匙吻鲟、长吻鲟

● 分类信息

鲟形目：Acipenseriformes
匙吻鲟科：Polyodontidae
匙吻鲟属：*Polyodon*

● 形态特征

匙吻鲟体表裸露，泽润无鳞，在头前方、口的上端有一个长而扁平呈桨状的长吻，形如鸭嘴又像汤匙，吻长约为体长的1/3。躯干流线形，尾部侧扁，眼小，口在吻下，不能伸缩。胸鳍较小，下位，腹鳍腹位，背鳍起点在腹鳍之后，尾鳍歪形、分叉，不对称，上叶长，下叶短。前额高于口部，鳃盖布满梅花状花纹，鳃耙密而细，鳃盖骨向后延伸到腹鳍。体色为背部灰褐色，两侧渐浅，常有斑点，腹部灰白色，鳍为黑色。

● 生态习性

匙吻鲟原产于北美洲的一些大型河流中，成鱼常见于流速较慢、水面宽阔的河流，很少出现在小支流中。匙吻鲟在春季汛期进行产卵洄游，溯河距离一般为200～300km，极少达到1000km。产卵后，亲鲟立即成群结队降河洄游。匙吻鲟是一种以摄食浮游动物为主的杂食性鱼类，也是唯一终生摄食浮游动物的鱼类。匙吻鲟是一种广温性鱼类，能在水温0～35℃的水中生活，从我国试养的情况来看，无论是北方冰雪覆盖的严冬气候条件，还是南方盛夏气温高达39～40℃的酷暑季节，匙吻鲟都能安然无恙。虽然匙吻鲟对温度的适应范围较广，但适宜生长的水温为20～28℃。其幼鱼阶段对水温要求较苛刻，特别是对低温的忍耐力较差，当水温低于15℃时会引起幼鱼死亡（熊炎成，2007）。

● 分布

匙吻鲟广泛分布于美国中部、北部地区的大型河流及附近的海湾沿岸地区，北美洲五大湖流域也有分布。中国在嘉陵江、赤水河、长江上游干流、长江中游干流水域均有发现。

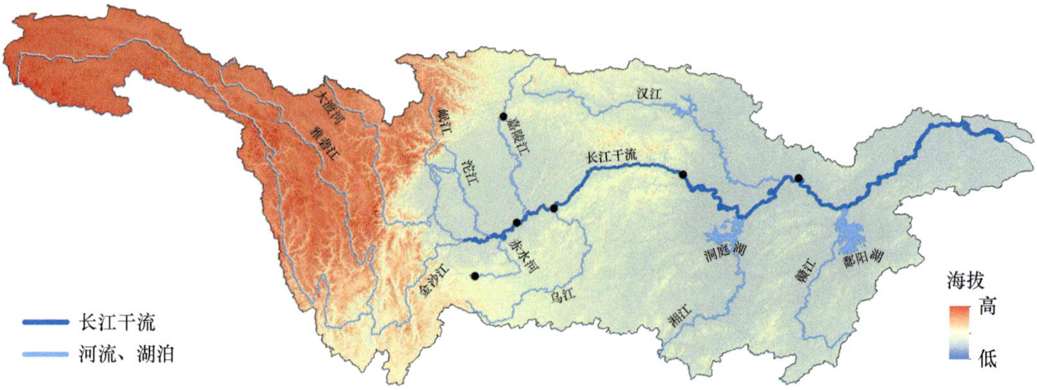

匙吻鲟在长江自然水域的发现位置

生态风险

匙吻鲟对长江水生生态系统的威胁主要体现在通过食物竞争，影响土著物种生存。

4.1.6 杂交鲟

大杂

大杂是以施氏鲟为父本、以达乌尔鳇为母本的杂交良种。其体延长，呈圆锥形，横切面呈圆形，腹面扁平。下位口，口裂中等，介于达乌尔鳇和施氏鲟口裂宽度之间。吻呈三角形，比较尖，不透明，左右鳃膜不连接。体色呈褐色或黑色。

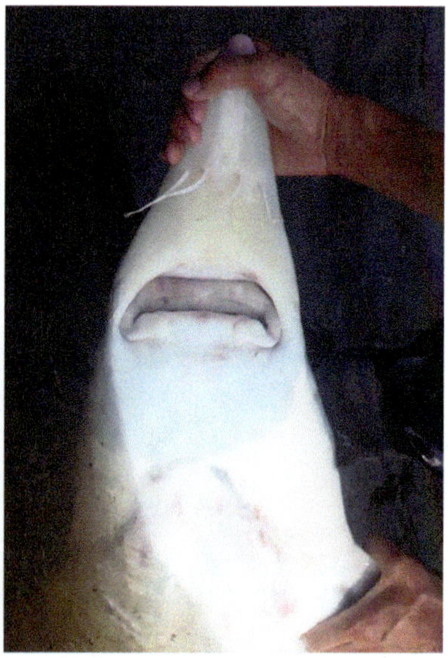

小杂

小杂是以施氏鲟为母本、以达乌尔鳇为父本进行杂交所产生的后代。其优势是耐运输，但生长速度较大杂慢。

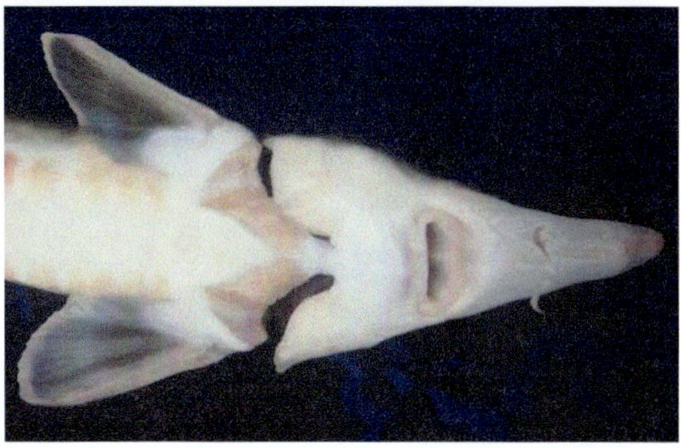

● 西杂

西杂为西伯利亚鲟与施氏鲟的杂交种。其吻端较尖，左右鳃膜不相连。

● 俄杂

俄杂为俄罗斯鲟与西伯利亚鲟的杂交种。其吻圆而钝，左右鳃膜不相连。

● 鸭杂

鸭杂为匙吻鲟与俄罗斯鲟的杂交种。其吻延长，较尖，吻须2～4根，左右鳃膜不相连。

各个骨板呈离散状，不连续。

● 生态习性

杂交鲟能摄食包括鱼、虾、蟹、贝、藻类在内的各种天然饵料和人工配合饲料。在海水养殖条件下，杂交鲟性情温顺、游泳速度较缓慢、灵活性较差，喜在水底活动，常沿着池壁、池底或网箱壁、网箱底游动，很少在水层中间游动。它们通常成群在水中缓游，很少单独游动或均匀散开，只有个别鱼（病鱼等）才单独游动。杂交鲟惧怕强光和外界各种突然刺激，对人也有较敏感的逃避逆反心理行为。对温度、盐度、水色、透明度、溶氧、pH、氨氮等环境适应性较广（吴常文等，2006）。

● 分布

杂交鲟因养殖逃逸，在沱江、赤水河、长江中游干流、汉江、洞庭湖、长江中游干流、长江下游干流等水域均有发现。

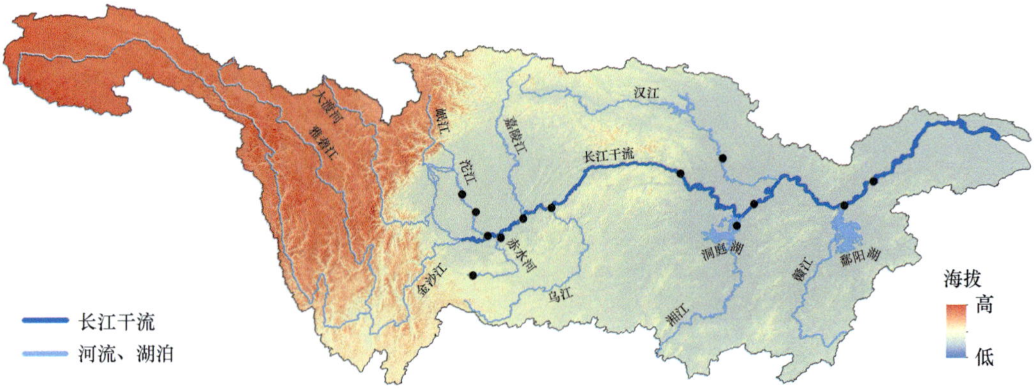

杂交鲟在长江自然水域的发现位置

生态风险

杂交鲟对长江水生生态系统的威胁主要体现在通过食物竞争影响土著物种生存，以及可能自然繁殖，与本地鲟如长江鲟杂交，从而产生基因污染。

4.1.7 尼罗罗非鱼

名称

学名： *Oreochromis niloticus*
俗名： 非洲鲫鱼

分类信息

鲈形目： Perciformes
丽鱼科： Cichlidae
口孵罗非鱼属： *Oreochromis*

形态特征

尼罗罗非鱼体侧扁，头中等大小，口端位；眼中等大小，略偏头部上方。尾鳍末端钝圆形，体色呈黄褐色至黄棕色，从背部至腹部，由深逐渐变浅；喉、胸部白色，成鱼雄性呈红色；背鳍边缘黑色，在背鳍和臀鳍上有较为规则的黑色斑纹；尾鳍和胸鳍的边缘红色，雄性显得特别鲜艳。

生态习性

尼罗罗非鱼性喜群游，最适生长水温为24～32℃，水温降至14℃时活动迟缓，停止摄食，水温降至12℃以下时便逐渐死亡（李家乐等，2007）。水温达到20℃以上时，雄鱼会在池边或池底挖洞，当遇到外界刺激或拉网捕捞受惊后，便潜入洞中或软泥中（朱清澄和唐议，2003）。

分布

尼罗罗非鱼原产于非洲尼罗河水系；现已广泛为其他国家和地区所引进，是联合国推荐的优质水产养殖品种。我国在长江上游干流、金沙江、洞庭湖、长江下游干流地区均有零星发现。

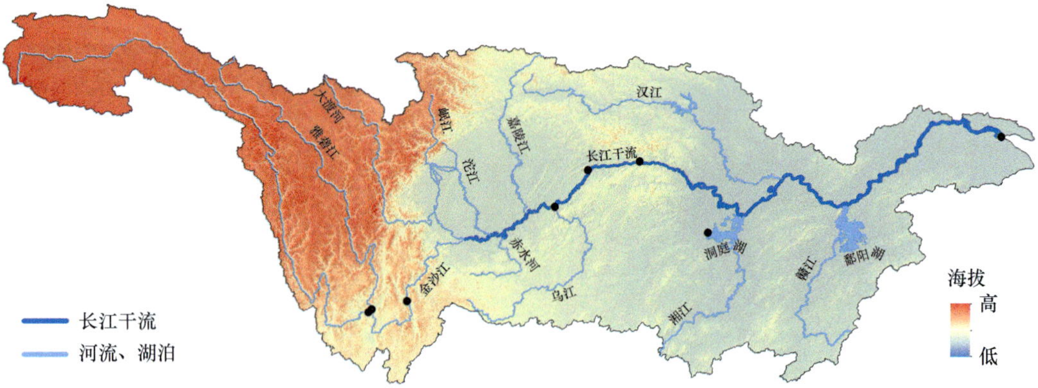

尼罗罗非鱼在长江自然水域的发现位置

• 生态风险

尼罗罗非鱼对于生态系统的危害主要体现在两个方面：①挤占生态位。罗非鱼适应能力很强，对生存环境水质要求不高，且繁殖力强、食性杂，会与本地物种在食物和空间等方面形成激烈竞争，在自然水域形成优势种群，造成本地鱼种减少或消失，物种多样性趋于单一（董杨等，2020；李高俊等，2020）。罗非鱼的筑巢行为对水体的扰动还会破坏水底植被，进而影响其他水生生物的生存（徐海根和强胜，2004）。②污染环境。围隔试验表明，罗非鱼会增加水体营养负荷，引起浮游植物生物量增加，水体透明度降低，其上行效应明显大于下行效应（刘辉等，2008）。

4.1.8 奥利亚罗非鱼

• 名称

学名： *Oreochromis aureus*

俗名： 蓝罗非鱼、奥利亚吴郭鱼、紫金彩鲷

• 分类信息

鲈形目： Perciformes

丽鱼科： Cichlidae

口孵罗非鱼属： *Oreochromis*

• 形态特征

奥利亚罗非鱼体侧扁，背部隆起，腹部呈弧形，无腹棱。吻圆钝，突出。口小，端位，口裂不达眼前缘，无口须，体色青紫色带金色光彩，腹部白色，有暗横带 9～10 条，鳞片

中央的色素较四周深，使体侧具有多条纵向排列的点线条纹；背鳍、臀鳍呈暗紫色，均有素色斑点，胸鳍淡灰透明，腹鳍灰黑且长，末端达生殖突；尾鳍具斑点，斑点从接近尾柄处开始，随年龄增长而向后散布，并由银白色逐渐转向金黄色，尾鳍后缘平截，背鳍和尾鳍边缘呈微红色；侧线分上、下两段，上段侧线鳞数 20～25，下段侧线鳞数 11～15；背鳍起点至上侧线间鳞数 4～6；胸鳍基至腹鳍基之间鳞数 5～7（8）。

● 生态习性

奥利亚罗非鱼是口孵罗非鱼属中耐寒力最强的一种，最适生长温度为 30℃左右。属于广盐性鱼类，既能生活于淡水，也能生活于海水。奥利亚罗非鱼食性很广，是以浮游生物为主的杂食性鱼类。通常喜食植物性食物，特别喜吃浮游生物、有机碎屑及底栖生物，还食米糠等商品饲料。在食物缺乏时，还会吞食同类小鱼，有“大鱼吃小鱼”的现象（李家乐等，2007）。

● 分布

奥利亚罗非鱼原产于非洲等地。1981 年由广州市水产研究所从我国台湾引进试养，1983 年、1999 年中国水产科学研究院淡水渔业研究中心分别从美国和埃及引进。在我国乌江流域有发现。

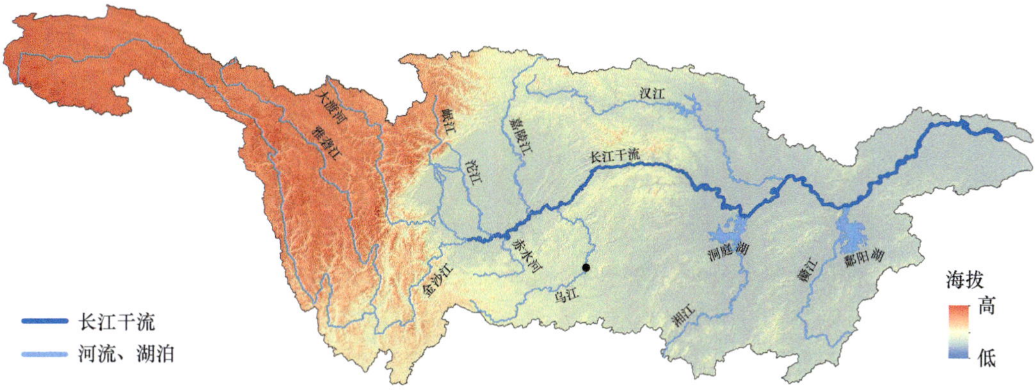

奥利亚罗非鱼在长江自然水域的发现位置

● 生态风险

奥利亚罗非鱼在长江流域极少被发现，生态风险较小。

4.1.9 莫桑比克罗非鱼

● 名称

学名： *Oreochromis mossambicus*

俗名： 非洲鲫鱼、非洲鲫、福寿鱼

● 分类信息

鲈形目： Perciformes

丽鱼科： Cichlidae

口孵罗非鱼属： *Oreochromis*

● 形态特征

莫桑比克罗非鱼体侧扁，头背部的外廓略呈凹形，背短而高，头中等大小，口颇大，唇厚，下颌较上颌长，无口须。尾鳍末端钝圆，体被圆鳞，大且厚；侧线断续，有上、下两条，侧线鳞30～32，侧线上鳞为8～21，侧线下鳞为13～14，下鳃耙数14～20；在非繁殖季节，体色灰黑，头下侧色泽较淡略带古铜色，鳃盖后缘有一黑色斑块，体两侧有3条不明显的黑色纵纹带。雄鱼背鳍及尾鳍边缘呈红色；在繁殖季节，雄鱼全身蓝黑色，背鳍和尾鳍边缘红色显著，胸鳍淡红色，而雌鱼体色均为灰黄色，黑斑消失，背鳍和尾鳍也略带红色。

申志新拍摄

● 生态习性

莫桑比克罗非鱼在水温8～10℃时会死亡，15℃时停止摄食，最适生长水温为22～30℃，18℃以下和35℃以上生长缓慢，水温低于16℃或高于37℃时停止生长，盐度耐受性广，在淡水、咸淡水和海水中都能生长和繁殖。莫桑比克罗非鱼属杂食性鱼类，以浮游动植物为主，甚贪食，摄食量大。仔鱼摄食浮游动物，幼鱼摄食浮游动物及藻类，成鱼主

要摄食藻类，也摄食浮游动物及高等植物；性成熟早，水温25～35℃时，从仔鱼孵出到性成熟只需80～85天，在广东、福建每年可产卵6～8次，每次间隔15～25天。

• 分布

莫桑比克罗非鱼分布于沱江、乌江、洞庭湖、鄱阳湖地区。

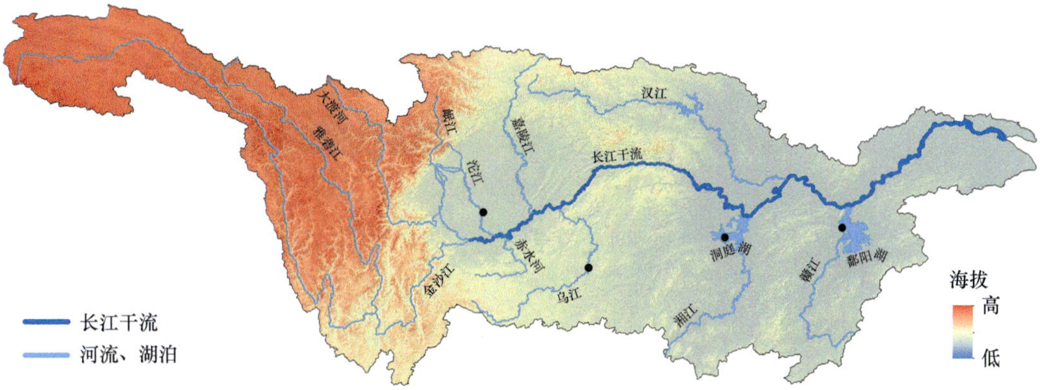

莫桑比克罗非鱼在长江自然水域的发现位置

• 生态风险

莫桑比克罗非鱼对于生态系统的危害主要体现在两个方面：①挤占生态位。罗非鱼适应能力很强，对生存环境水质要求不高，且繁殖力强、食性杂，会与本地物种在食物和空间等方面形成激烈竞争，在自然水域形成优势种群，造成本地鱼种减少或消失，物种多样性趋于单一（董杨等，2020；李高俊等，2020）。罗非鱼的筑巢行为对水体的扰动还会破坏水底植被，进而影响其他水生生物的生存（徐海根和强胜，2004）。②污染环境。围隔试验表明，罗非鱼会增加水体营养负荷，引起浮游植物生物量增加，水体透明度降低，其上行效应明显大于下行效应（刘辉等，2008）。

4.1.10 蟾胡子鲇

• 名称

学名： *Clarias batrachus*

俗名： 泰国胡子鲇、两栖胡子鲇、步行鲇

• 分类信息

鲇形目： Siluriformes

胡子鲇科： Clariidae

胡子鲇属： *Clarias*

• 形态特征

蟾胡子鲇头宽而平扁，头顶骨板稍裸出，头长约为背鳍起点至后枕骨的 5 倍；枕骨后缘隆起部高，基部宽约为长的 2 倍。肛门位于腹鳍与臀鳍之间而接近臀鳍。鳃耙数 18～23。背鳍条 60～76，臀鳍条 45～55。体色棕黑，腹部淡灰色，体侧有许多白色小点。

申志新拍摄

• 生态习性

蟾胡子鲇对环境的适应性很强，其生长适温为 18～32℃，食性为偏肉食性的杂食性，以昆虫幼虫、蚯蚓、贝类、虾、小鱼和水生植物等为食。蟾胡子鲇生长很快，繁殖季节一般为 4～9 月，旺季为 5～7 月，当雌鱼成熟时，会自然引诱雄鱼来到周围，产卵繁殖时严格按雌雄 1 ∶ 1 配对，不允许有第三者；雌、雄鱼一起寻找适合的场所筑巢繁殖，产卵水温为 18～32℃，最适水温为 24～28℃，雌鱼产完卵，即在巢附近游弋及摄取食物，然后游到巢内供雄鱼摄食。巢内的卵由雄鱼照顾，寸步不离；刚孵出的鱼苗 50h 后卵黄囊消失，方具游泳能力。

蟾胡子鲇为暖水性底层鱼类，喜生活在水草丛生的沟渠、池沼或者稻田的暗处或洞内。适应性强，耐干旱，能在水外“爬行”，以辅呼吸器直接利用空气（陈素芝和叶卫，1995）。

• 分布

蟾胡子鲇原产于泰国，分布于亚洲东南部到非洲的热带和暖温带地区。在我国见于云南西南部澜沧江水系。1978 年由中国水产科学研究院珠江水产研究所从泰国引进。在长江下游干流有发现。

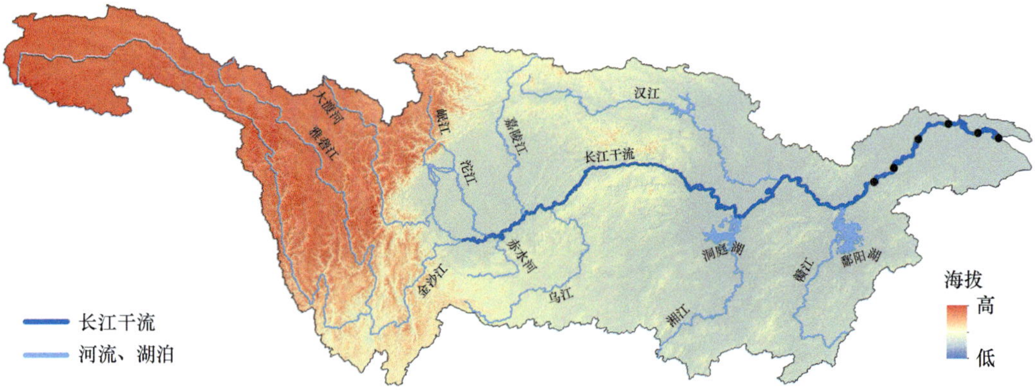

蟾胡子鲇在长江自然水域的发现位置

生态风险

蟾胡子鲇适应能力强，生长速度快，很快便适应了我国的生活环境，与土著鱼类抢夺资源，不利于土著鱼类的生长。

4.1.11 革胡子鲇

名称

学名：*Clarias gariepinus*

俗名：埃及胡子鲇

分类信息

鲇形目：Siluriformes

胡子鲇科：Clariidae

胡子鲇属：*Clarias*

形态特征

革胡子鲇体延长；头大平扁；吻宽而钝；口端下位，两颌及犁骨具细密绒毛状小齿；眼小；须4对，其中鼻须1对、上颌须1对、下颌须2对；头背部有许多放射状排列的骨质突起。背部和体侧有不规则的暗灰色或黑色斑块，胸腹部白色。肛门位于腹鳍基与臀鳍基的正中间，胸鳍硬棘粗钝，鳃耙数65～75，背鳍条65～76，臀鳍条52～55，脊椎骨数约60枚（陈素芝和叶卫，1995）。

生态习性

革胡子鲇能相互蚕食，但跳跃和逃跑的能力低。系以动物性饵料为主的杂食性底栖鱼类，生长速度很快，繁殖力强（陈素芝和叶卫，1995）。

分布

革胡子鲇分布于金沙江、赤水河、长江上游干流、洞庭湖、长江中游干流地区。

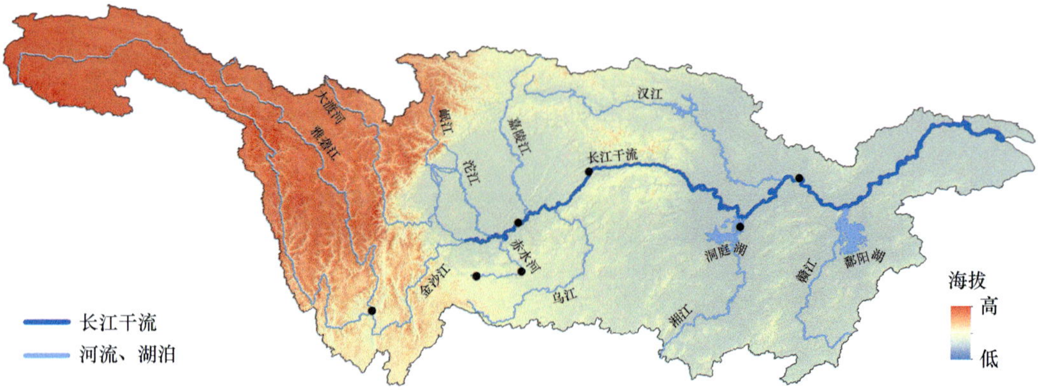

革胡子鲇在长江自然水域的发现位置

• 生态风险

革胡子鲇由于其较强的捕食性，对土著鱼类威胁较大。

4.1.12 豹纹翼甲鲇

• 名称

学名： *Hypostomus plecostomus*

俗名： 下口鲇、清道夫鱼、飞机鱼、垃圾鱼、吸盘鱼、琵琶鱼

• 分类信息

鲇形目： Siluriformes

骨甲鲇科： Loricariidae

翼甲鲇属： *Hypostomus*

• 形态特征

豹纹翼甲鲇体呈半圆筒形，侧宽，尾鳍呈浅叉形，口下位，背鳍宽大，腹部扁平，左右腹鳍相连形成圆扇形吸盘，从腹面看很像一个小琵琶，故又称为琵琶鱼。体呈暗褐色，体上布满黑色斑点（张静等，2014）。

• 生态习性

豹纹翼甲鲇喜弱酸性软水，适宜水温为 20℃以上，常吸附在水族箱壁或养殖池壁上，以舔食青苔或池中的残饵为食（张静等，2014）。

• 分布

豹纹翼甲鲇原产于南美洲的亚马孙河流域。1990 年被作为热带观赏鱼引进我国，然后又被弃入湖中繁殖从而形成种群。分布于长江上游干流、洞庭湖、长江下游干流地区。

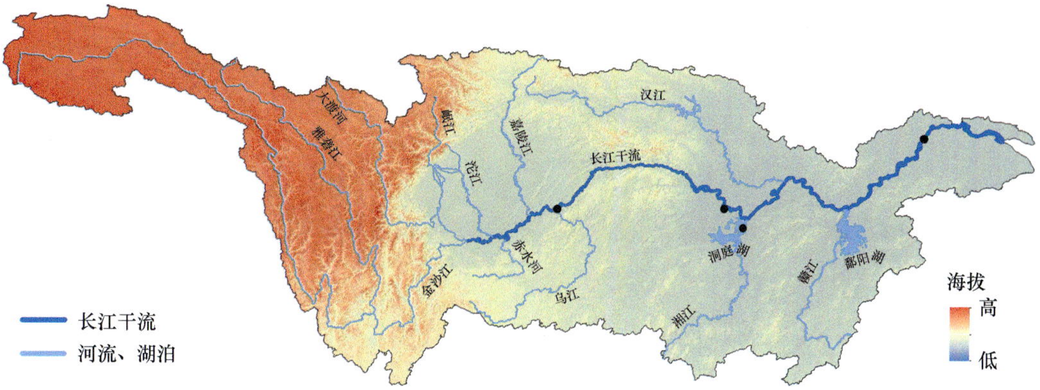

豹纹翼甲鲇在长江自然水域的发现位置

• 生态风险

豹纹翼甲鲇在河川中几乎没有天敌，且繁殖能力极强，但在成长过程中会吃掉其他鱼类的卵，破坏原有生物链，使得原有鱼种逐渐衰退。

4.1.13 斑点叉尾鮰

• 名称

学名： *Ictalurus punctatus*

俗名： 沟鲇、河鲇、美洲鲇

• 分类信息

鲇形目： Siluriformes

鮰科： Ictaluridae

真鮰属： *Ictalurus*

• 形态特征

斑点叉尾鮰体细长，头较小，腹面平直，背面斜平，吻较尖。口亚下位，口横裂较小。

眼较大，鳃膜大，与峡部相连，上下颌分布有较小而密集的小齿。体表光滑无鳞，侧线完全。具有脂鳍一个，尾鳍分叉较深，体两侧背部淡灰色，腹部乳白色，幼苗体之两侧有明显而不规则的小点，成鱼的斑点逐步变弱或消失，头部上下颌具有深灰色触须 4 对，长短各异，以口角须最长、鼻须最短（张铭汉，1993）。

● 生态习性

斑点叉尾鮰对生态条件的选择适应能力较强。适应水温为 0～38℃，摄食水温为 5～36℃，最适生长水温为 18～35℃，溶氧在 2.5mg/L 以上即能正常生活，低于 0.8mg/L 时开始浮头，适应 pH 为 6～8（9），能忍受较高盐度水体。斑点叉尾鮰是杂食性鱼类，以吞食为主兼滤食，食量大，多喜群食及弱光和昼伏夜出摄食，主要栖息于水体的底层，喜有机质丰富的水域，性情比较温顺（张铭汉，1993）。

● 分布

斑点叉尾鮰原产于北美洲大陆的加拿大南部到墨西哥北部。1984 年由湖北省水产科学研究所引进。分布于大渡河、雅砻江、金沙江、赤水河、岷江、长江干流、嘉陵江、汉江、乌江、洞庭湖、鄱阳湖地区。

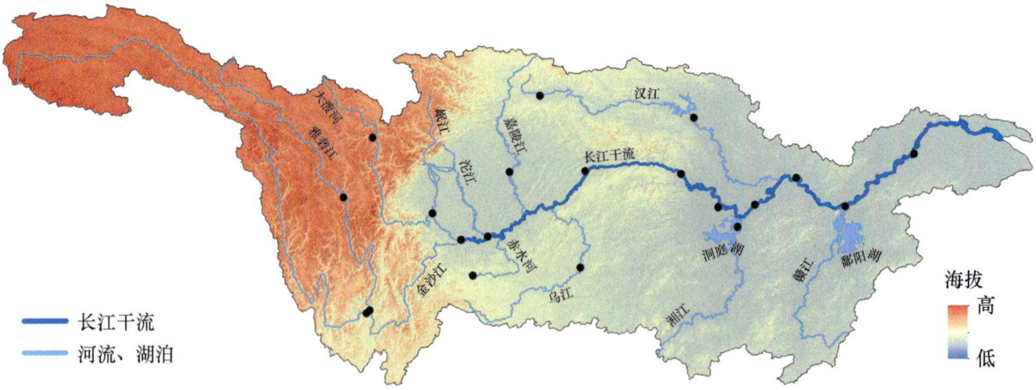

斑点叉尾鮰在长江自然水域的发现位置

生态风险

斑点叉尾鮰与土著鱼类抢夺饵料资源，影响土著鱼类的生长。

4.1.14 云斑鮰

名称

学名： *Ameiurus nebulosus*
俗名： 褐首鲶、美国鮰

分类信息

鲇形目： Siluriformes
鮰科： Ictaluridae
鮰属： *Ameiurus*

形态特征

云斑鮰体型短肥，体前部较宽后部稍扁。口裂大，口宽而钝，端位。前颌和齿骨上分布有不规则向内弯曲的细密小齿。眼小，触须 4 对，上颌长须末端可达胸鳍基部，体表光滑无鳞，富有黏液，有脂鳍，体背部灰褐色略带金黄色，腹部灰白色，有云状斑纹（陈生熬等，2014）。

喻燚拍摄

生态习性

云斑鮰性情比较温顺，具有抗寒和耐热的能力。适温范围为 0～39.5℃，摄食水温为 6～37℃，最适生长水温为 18～32℃。云斑鮰为杂食性鱼类，性贪食，喜集群摄食。在人工饲养条件下，经驯化可摄食以植物性蛋白为主的人工配合饵料。在中国长江流域，冬季仍能摄食生长，故越冬时仍需进行投喂；北方地区在冰封前也应在水中投放豆饼，避免其因饥饿而消瘦。雄鱼口腔齿和胸鳍硬棘可作挖穴工具，冬季能凿洞而栖。

● 分布

云斑鮰原产于美国和加拿大。中国分布于大渡河、赤水河、嘉陵江、汉江流域。

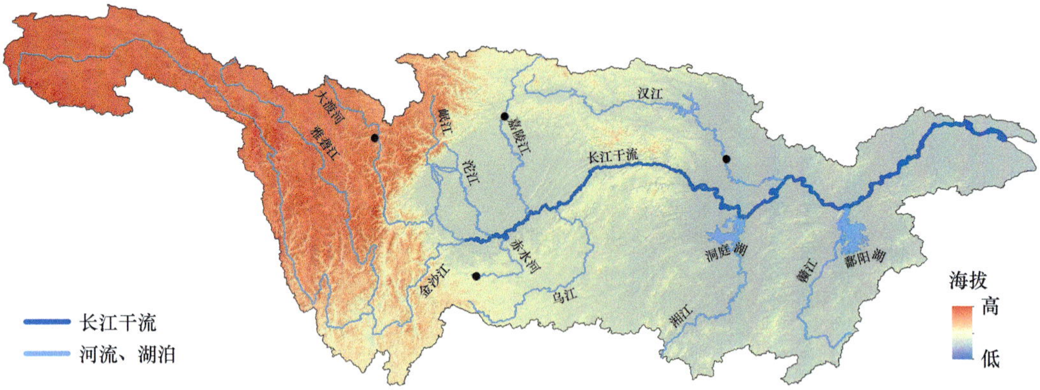

云斑鮰在长江自然水域的发现位置

● 生态风险

云斑鮰的入侵造成了水库渔业资源减少，改变了土著鱼类的生境，对其他鱼类的生长造成危害，极有可能破坏生态平衡（陈生熬等，2014）。

4.1.15 眼斑雀鳝

● 名称

学名： *Lepisosteus oculatus*

俗名： 火箭雀鳝、鸭嘴鳄

● 分类信息

雀鳝目： Lepisosteiformes

雀鳝科： Lepisosteidae

雀鳝属： *Lepisosteus*

● 形态特征

眼斑雀鳝为大中型淡水鱼类。体延长，稍侧扁，上、下颌延长形成长的喙；具有尖锐、大小不同的牙齿，鼻孔开于上颌前端；鳔蜂窝状，与食道背面相连，若遇干旱缺氧的情况，可用鳔暂时呼吸，所以能在陆地上短时间生存；体青灰色，体表有暗黑色花纹；皮肤有硬鳞覆盖，皮坚鳞厚，皮肤粗糙，背鳍和臀鳍短小，均位于体后方，互为相对，尾部呈圆形，是古老鱼种独具的圆尾；背部及体侧具暗色纵列斑纹，属“活化石”鱼类之一。肉质粗劣，很少被食用，但因体型特殊，多作为观赏鱼类。

● 生态习性

眼斑雀鳝是一种生活在热带的淡水鱼，性凶猛，肉食性，常躲在水底植物丛中，遇到小鱼、虾等食物，即迅速扑出将其捕获。捕食时，它会一动不动地“装死”，直到猎物靠近它时才发起致命的一击，然后围着被咬死的鱼转一至两圈后再将其吃掉。每年5～6月为产卵季节，雌鱼把卵产在水生植物或砾石上，卵为黏性；繁殖能力不算很强，但幼鱼成活率较高，这也是该鱼种能顺利保留到现在的一个主要原因。自然界的眼斑雀鳝为肉食性鱼类，而且食量大，吃食时间主要在晚上（李国文等，2005）。

● 分布

眼斑雀鳝原产于北美洲。20世纪90年代由我国广东从美国直接引进。野生群体可能是居民将其作为观赏鱼引进后放生造成的。国内主要分布于上海、山东、浙江等地，长江上游干流、洞庭湖、长江中游干流均有分布。

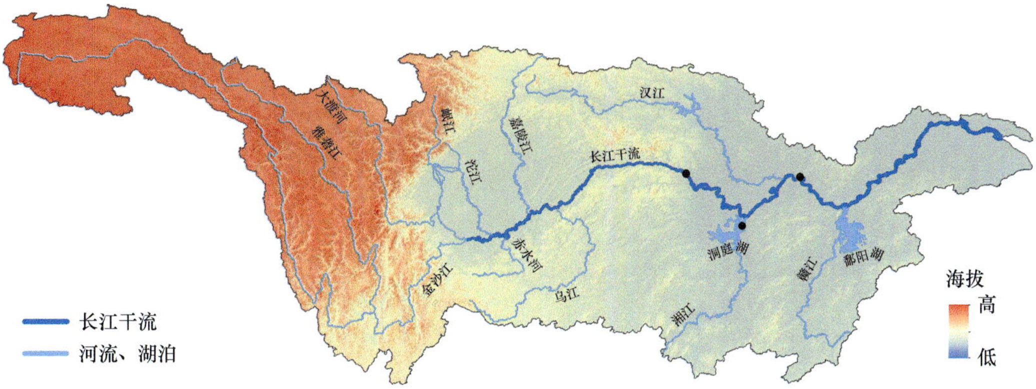

眼斑雀鳝在长江自然水域的发现位置

● 生态风险

眼斑雀鳝卵有剧毒，一旦误食，可能致死；极为凶残，总爱躲在水草中伺机吞食其他鱼类，在它生存的地方很少有其他鱼类存在，对它的引进及繁殖必须十分慎重，如果控制不好，很可能对水产养殖业造成严重后果。眼斑雀鳝在我国没有天敌，自然水域中存活的眼斑雀鳝会对当地水域生态系统带来严重的危害（李国文等，2005）。

4.1.16 鲮

• 名称

学名： *Cirrhinus molitorella*

俗名： 土鲮鱼、鲮公

• 分类信息

鲤形目： Cypriniformes

鲤科： Cyprinidae

鲮属： *Cirrhinus*

• 形态特征

鲮体长，侧扁，背部在背鳍前方稍隆起，腹部圆而稍平直。头短小，吻圆钝，吻长略大于眼径。口小，下位，呈弧形。上唇边缘呈细波形，唇后沟中断，下唇边缘布满乳突。须2对，吻须较粗壮，颌须较短小或退化仅留痕迹。下咽齿3行。鳞中等大小，呈圆形。体青白色，有银白色光泽。背鳍无硬棘，起点至吻端的距离较距尾鳍基的距离近，胸鳍末端尖，后伸不及腹鳍起点；腹鳍在背鳍起点之后，后缘不达臀鳍；尾鳍深叉形，幼鱼尾鳍基部有一黑色斑点。

• 生态习性

鲮为暖水性鱼类，喜栖息于水温较高的地区，低于7℃即开始死亡。鲮以植物为主要食料，常以下颌的角质边缘在水底石块等上面刮取着生藻类，也包括硅藻、绿藻及高等植物的碎屑和水底腐殖质；鲮也喜舔刮水底泥土表面或岩石表面生长的藻类。此外，还吞食少量浮游动物和有机碎屑。

● 分布

鲮主要分布于珠江水系、海南岛、台湾、闽江、澜沧江和元江。在长江干流、洞庭湖有分布。

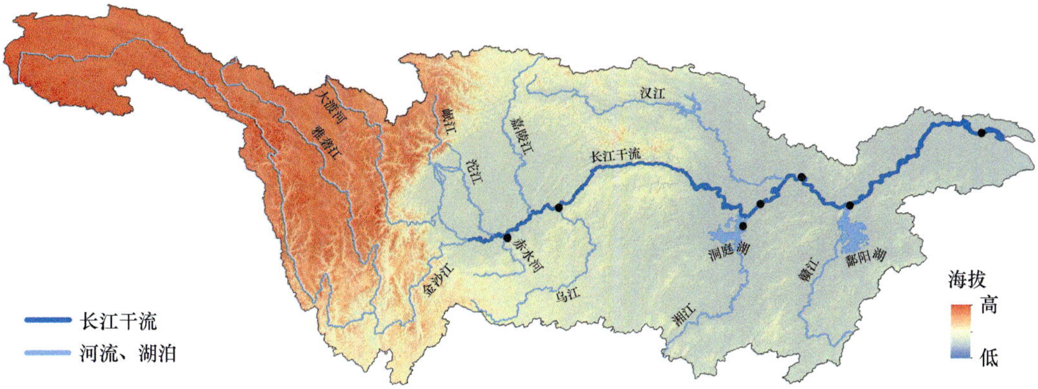

鲮在长江自然水域的发现位置

● 生态风险

鲮对土著鱼类具有一定的竞争作用。

4.1.17 麦瑞加拉鲮

● 名称

学名： *Cirrhinus mrigala*
俗名： 麦鲮、印鲮

● 分类信息

鲤形目： Cypriniformes
鲤科： Cyprinidae
鲮属： *Cirrhinus*

● 形态特征

麦瑞加拉鲮体长，侧扁，近似圆筒形。头部较小；圆鳞，头无鳞；吻钝，常有孔；嘴阔，横开；上唇一体，下唇不连续，下唇非常不明显；单对短吻须；背鳍起始处距头部比尾部更近；胸鳍比头短；尾鳍深分叉；臀鳍未扩展至尾鳍；背部通常为深灰色，腹部银色；背鳍灰色；胸、腹、臀鳍尖端为橘黄色（尤其是在繁殖季节）。

生态习性

麦瑞加拉鲮属亚热带鱼类，不耐低温，为底栖鱼类，喜活水，善跳跃，常靠近岸边觅食。其个体大，适应性强，无论在水库、湖泊、池塘还是在江河中都能正常生长，耐低氧，抗病能力较强。

分布

麦瑞加拉鲮原产于印度和孟加拉国。1982 年从印度引入我国，主要分布于珠江流域及海南省。在长江干流、鄱阳湖水域均有发现。

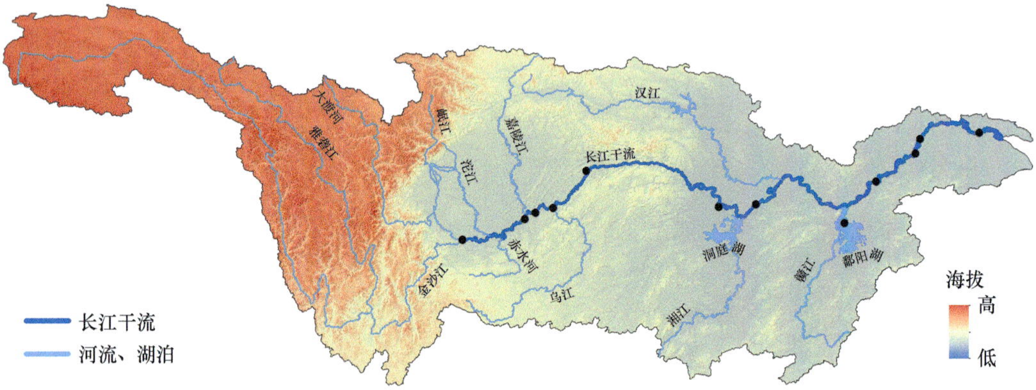

麦瑞加拉鲮在长江自然水域的发现位置

生态风险

麦瑞加拉鲮生长和繁殖速度快，竞争力强，对土著鱼类威胁大。

4.1.18 露斯塔野鲮

名称

学名：*Labeo rohita*

俗名：南亚野鲮、泰国野鲮

分类信息

鲤形目：Cypriniformes

鲤科：Cyprinidae

野鲮属：*Labeo*

形态特征

露斯塔野鲮体近梭形，腹部圆，无腹棱，头部扁平，眼侧位，眼间距宽。吻钝，口下位，横生，呈弧状，上下颌角质化，唇的边缘有明显的多数乳状突起。须 2 对，近口角 1 对较粗，靠上唇 1 对极短，退化为突起状。咽齿 3 列，有后补齿。鳞片大，侧线鳞较直，尾鳍分叉深。体色为青绿色，背部色较深，腹部灰白色，各鳍呈粉红色，腹鳍尤为鲜艳。眼红色。

生态习性

露斯塔野鲮食性广杂，以植物性有机碎屑为主。属底栖鱼类，喜栖息于温暖水域，善跳跃，尤其在池塘受惊时最为常见。移塘 1～2 天内可常见靠近池边跳跃至岸上死亡。喜活水，且常在岸边觅食，捕捞时沿池边逃逸。不耐寒，在水温 6～7℃时开始死亡，冬天在水域深处越冬。

分布

露斯塔野鲮原产于孟加拉国、印度、缅甸、尼泊尔、巴基斯坦。在长江上游干流有发现。

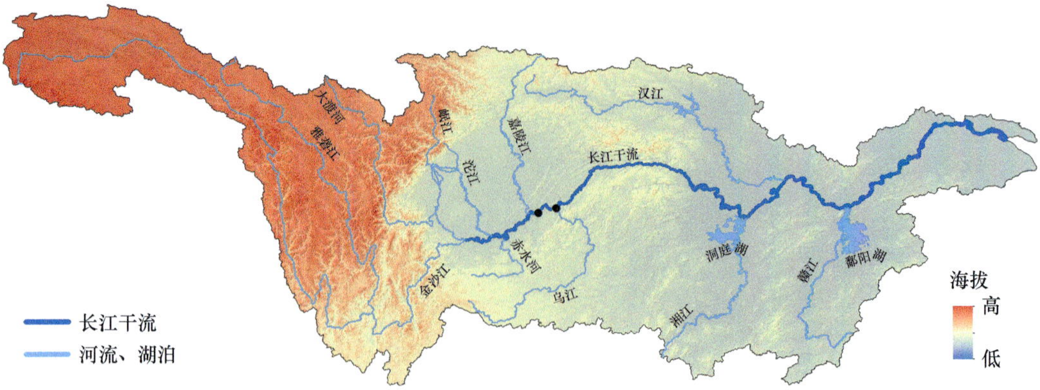

露斯塔野鲮在长江自然水域的发现位置

• 生态风险

露斯塔野鲮挤占土著鱼类的生态位，影响土著鱼类的生长。

4.1.19 短盖肥脂鲤

• 名称

学名： *Piaractus brachypomus*

俗名： 淡水白鲳、食人鲳

• 分类信息

脂鲤目： Characiformes

脂鲤科： Characidae

肥脂鲤属： *Piaractus*

• 形态特征

短盖肥脂鲤体侧扁，呈盘状，头部小，头长与头高相当。口端位。下颌伸出，口向上呈方状。眼中等大小，位于口角稍上方。尾浅分叉，背部有脂鳍，背鳍起点与腹鳍略相对。体披细鳞，自胸鳍基部至肛门有略呈锯状的腹棱。体银灰色，胸部橘红色，臀鳍红色，尾鳍边缘带黑色。幼体时，体表有星斑，到了成鱼这种星斑趋于消失，但仍隐约可见，而且成鱼的体色会受环境的影响而有些变异（马仲波等，1988）。

• 生态习性

短盖肥脂鲤栖息于中下水层，有群聚和杂食习性。其食物包括藻类（尤以青苔为多）、浮游动物（轮虫、枝角类）、水生生物（水蚯蚓）、腐殖质、有机碎屑及小鱼、虾等。对人工饵料也能充分利用，如米糠、麦麸、豆饼、花生麸、米饭、蚕蛹、鱼粉（马仲波等，1988）。

• 分布

短盖肥脂鲤原产于南美洲亚马孙河流域，为热带和亚热带鱼类。1982 年被引入中国台湾，1985 年被引入广东省试养，1987 年人工繁殖获得成功后逐渐推广至全国。在长江干流水域均有发现。

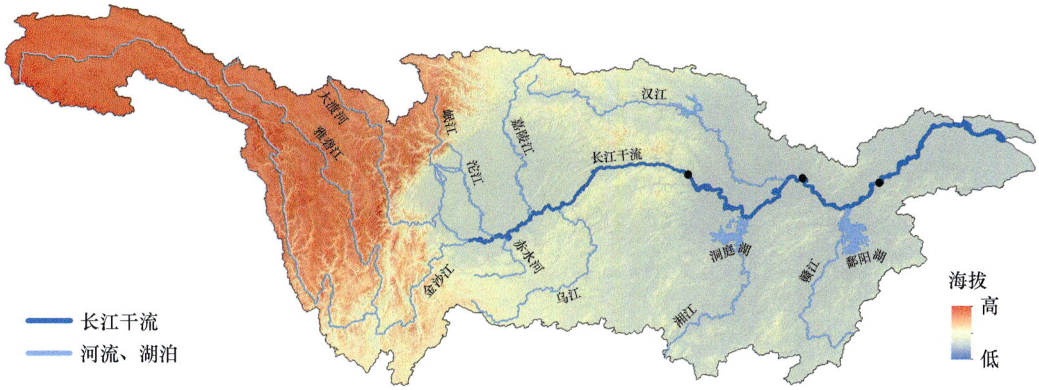

短盖肥脂鲤在长江自然水域的发现位置

• 生态风险

短盖肥脂鲤挤占土著鱼类的生态位，影响土著鱼类的生长。

4.1.20 食蚊鱼

• 名称

学名： *Gambusia affinis*

俗名： 柳条鱼、大肚鱼

• 分类信息

鳉形目： Cyprinodontiformes

胎鳉科： Poeciliidae

食蚊鱼属： *Gambusia*

• 形态特征

食蚊鱼体延长，侧扁，长 2.5～5cm，一般雄鱼较小。体长约为头长的 4 倍，为体高的 3.8 倍。头宽而平扁，头长小于体高。口小，上位。无须。眼中等大小。牙细小。体具圆鳞。

无侧线。纵列鳞 29～32。肛门腹位，位于臀鳍前方。各鳍均无棘。背鳍条 7～9，后位，起点距尾鳍基较距吻端为近。臀鳍位于背鳍起点前下方。雄鱼臀前面数鳍条延长，形成交配器。尾鳍圆形。体青灰色，有蓝色光泽，体侧、背鳍、尾鳍均有黑色斑点，雄鱼色泽鲜艳。体色随水域环境的不同而有变化（倪勇，1985）。

• 生态习性

食蚊鱼为暖水性小型鱼类，喜集群游于水的表层，行动活泼、敏捷。以水生无脊椎动物为食，幼鱼主食轮虫和纤毛虫类，成鱼摄食昆虫及其幼体、浮游甲壳类、有机碎屑和小球藻等，特别喜食各种蚊虫幼体（孑孓），一昼夜内最多能吞食孑孓 200 余只，气温高捕食得多，雌鱼产仔鱼时也不停食，雌雄（成）鱼甚至会袭食刚离母体的同类仔鱼，初生仔鱼也很快开始觅食。食蚊鱼生活在小河、池塘、沼泽等各种静水水体中，适应能力很强（倪勇，1985）。

• 分布

食蚊鱼原产于北美洲的江河湖泊。引入我国后分布于金沙江、赤水河、嘉陵江、长江上游干流、汉江、洞庭湖、长江下游干流地区。

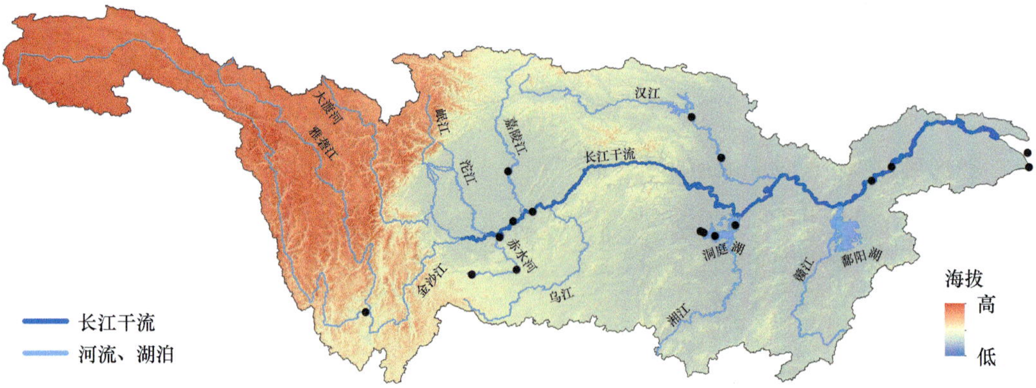

食蚊鱼在长江自然水域的发现位置

• 生态风险

食蚊鱼吞食其他鱼类的受精卵，影响其他物种的生存。

4.1.21 大口黑鲈

• 名称

学名： *Micropterus salmoides*

俗名： 加州鲈鱼、美洲鲈

• 分类信息

鲈形目： Perciformes

太阳鱼科： Centrarchidae

黑鲈属： *Micropterus*

• 形态特征

大口黑鲈体呈纺锤形，侧扁，背肉稍厚，横切面为椭圆形；口裂大，斜裂，颌能伸缩，齿为绒毛细齿，比较锐利；体背部青灰色，腹部灰白色；从吻端至尾鳍基部有排列成带状的黑斑，鳃盖上有3条呈放射状的黑斑；体被细小栉鳞；背鳍硬棘部和软条部间有缺刻，不完全连续；侧线不达尾鳍基部；尾鳍浅凹形。

• 生态习性

大口黑鲈为温水性鱼类，主要栖息于水温较暖的湖泊与池塘浅水处，喜栖息于沙质或沙泥质且浑浊度低的静水环境，尤其喜群栖于清澈的缓流水中。大口黑鲈是以肉食性为主的杂食性鱼类，刚孵出鱼苗的开口饵料为轮虫和无节幼体，稚鱼以食枝角类为主，幼鱼以食桡足类为主；性成熟年龄为2～3龄，繁殖季节水温在18～25℃，一年繁殖一次，雌鱼产卵后由雄鱼负责守护受精卵。

分布

大口黑鲈原产于加拿大和美国。中国台湾地区于20世纪70年代引进，惠阳、深圳、佛山等也在1983年引进。在大渡河、金沙江、乌江、汉江、长江下游干流水域均有发现。

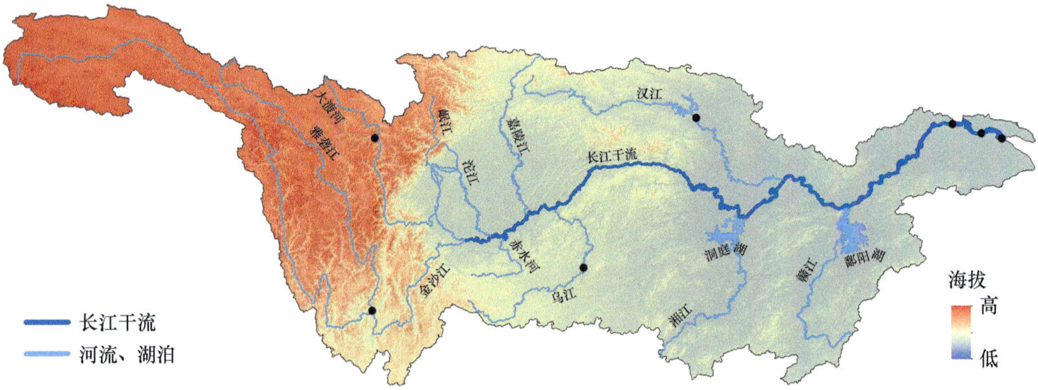

大口黑鲈在长江自然水域的发现位置

生态风险

大口黑鲈吞食其他鱼类的受精卵和幼鱼，影响其种群的增长。

4.1.22 梭鲈

名称

学名： *Lucioperca lucioperca*

俗名： 十道黑

分类信息

鲈形目： Perciformes

鲈科： Percidae

梭鲈属： *Lucioperca*

形态特征

梭鲈体型长如梭形，稍侧扁；头小，吻尖；眼较大，侧上位，眼间隔宽坦；口前位，稍斜；体被栉鳞，颊部无鳞或仅上部有小鳞；侧线达尾鳍，侧位且稍高；有两个背鳍；臀鳍较短，始于第二背鳍中部下方，第一鳍条最长；胸鳍椭圆形，侧位；腹鳍胸位；尾鳍分叉；背侧呈灰绿色，成鱼有12～13条褐色横斑；腹侧呈淡白色；背鳍呈黄色，有黑色纵斑；胸鳍与臀鳍呈淡黄白色，尾鳍常有小暗斑。

● 生态习性

梭鲈自然分布于淡水和咸淡水水域中，尤其喜在水质清新、透明度高且有微流水、溶氧量较高的水体中。梭鲈为凶猛性鱼类，成鱼主要以其他小型鱼类为食；梭鲈仔鱼的开口饵料为轮虫及甲壳类的无节幼体，也可摄食人工投喂的蛋黄颗粒；稚鱼期以枝角类、桡足类为食；幼鱼期的饵料为摇蚊幼虫等底栖无脊椎动物和小鱼。

● 分布

梭鲈分布于长江上游干流地区。

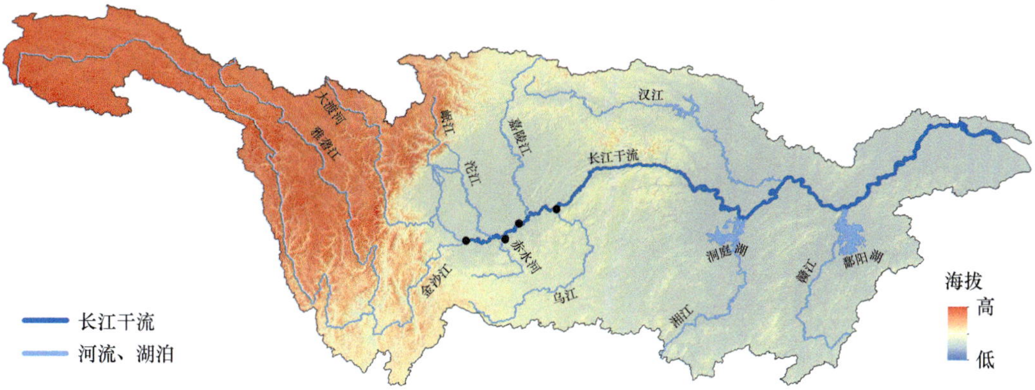

梭鲈在长江自然水域的发现位置

● 生态风险

梭鲈与土著鱼类抢夺食物资源，影响土著鱼类的生长。

4.1.23 丁鲅

● 名称

学名： *Tinca tinca*

俗名： 金鲑鱼、欧洲丁桂鱼、须鲅、须桂鱼、丁穗鱼

● 分类信息

鲤形目： Cypriniformes

鲤科： Cyprinidae

丁鲅属： *Tinca*

● 形态特征

丁鲅共有绿、黄、白、蓝4个颜色，依次被称为绿丁鲅、黄丁鲅、白丁鲅、蓝丁鲅。体略高，腹部圆，侧扁；鱼体大多呈橄榄绿色，体背侧青黑色，腹部接近金黄色，较圆无腹棱；体尾鳍不分叉，其他鳍则呈圆形，各鳍大部分为灰黑色；背鳍短，鳍条无硬棘，其起点位于腹鳍起点之后。胸、腹鳍呈扇形，尾鳍平截或微凹。丁鲅口较窄，口裂稍向上倾斜，口角处有1对短须，体被小圆鳞，鳞细、排列紧密，深藏于厚皮下；侧线完全，上部颜色较深，下部较浅。

● 生态习性

丁鲅为淡水底栖鱼类，多栖息于多水草的静水或泥底的缓流水体中，耐低氧；为杂食性鱼类，多于夜间觅食，对水中含氧量变化适应能力强；皮肤具有呼吸功能，耐寒能力较强，常夜间活动，冬季在北方能钻入泥底越冬，可将身体埋于泥中呈休眠状态。

• 分布

丁鲅广泛分布于欧洲各大内陆河流、湖泊，以捷克、匈牙利、西班牙居多，由于其适应性强，逐渐扩展到中亚和俄罗斯西伯利亚地区。我国在雅砻江、赤水河、嘉陵江、长江上游干流水域均有发现。

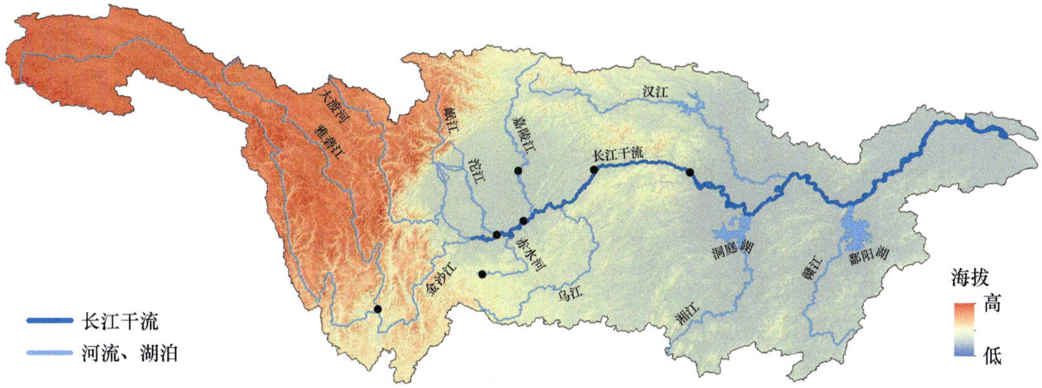

丁鲅在长江自然水域的发现位置

• 生态风险

丁鲅与土著鱼类抢夺食物资源，影响土著鱼类的生长。

4.1.24 广西副鱊

• 名称

学名： *Acheilognathus meridianus*

俗名： 广西鱊

• 分类信息

鲤形目： Cypriniformes

鲤科： Cyprinidae

副鱊属： *Acheilognathus*

• 形态特征

广西副鱊体延长而侧扁，外形呈纺锤形，背、腹缘为浅弧线形；头小，头长超过头高；吻较短，与眼径长接近；口亚下位，口裂呈马蹄形，上颌末端约在鼻和眼前缘之间的垂直线上，上下唇连于口角，口角有1对口角须，背鳍起点距吻端较距尾鳍基为近，或在两者之中，臀鳍起点与背鳍倒数的第二至第三（雌鱼）或第三至第四（雄鱼）分枝鳍条数相对；胸鳍末端后伸不达腹鳍起点；尾鳍分叉，中央最短鳍条略长于或相当于分叉边缘的长度；侧线完全，在躯部略下弯，后行入尾柄中央。

陈啸拍摄

• 生态习性

广西副鱊喜居于底质多砾石、水质清澄的江河缓流处；生殖期雄鱼的婚姻色最为鲜艳，体上半部蓝绿色，下半部近浅红色；背鳍外缘镶有狭细黑边；臀鳍外缘为红边；腹鳍和尾鳍呈黄色。固定后沿尾柄的虹彩条纹转呈黑色纵条，雄鱼向前延伸部有圆形或椭圆形黑色小斑块，雌鱼黑色纵条则较细而不明显，且前方也无黑色斑块。

• 分布

广西副鱊在洞庭湖有分布。

广西副鱊在长江自然水域的发现位置

• 生态风险

广西副鱊抢占土著鱼类的生态位，影响土著鱼类的生长。

4.1.25 大鳞鲃

• 名称

学名： *Luciobarbus capito*

俗名：团头鲃、锥首鲃

分类信息

鲤形目：Cypriniformes
鲤科：Cyprinidae
亮鲃属：*Luciobarbus*

形态特征

大鳞鲃体呈梭形，头部较小，体修长，口亚下位，具有吻须和颌须各一对。背鳍起点位于腹鳍起点前端，尾鳍正尾型，背鳍起点至吻端距离比至尾鳍基距离短。身体被覆发光鳞片，体背部银灰色，腹部银白色（张涛等，2022）。

生态习性

大鳞鲃为杂食性鱼类，以植物碎片、底栖动物和鱼虾为主要食物来源。为温水性大型经济鱼类，耐盐碱、食性广，生存水温为1～35℃，适宜生长水温为20～30℃，最适生长水温为25℃左右（蔺玉华等，2009）。

分布

大鳞鲃在雅砻江、赤水河、嘉陵江、长江上游干流均有发现。

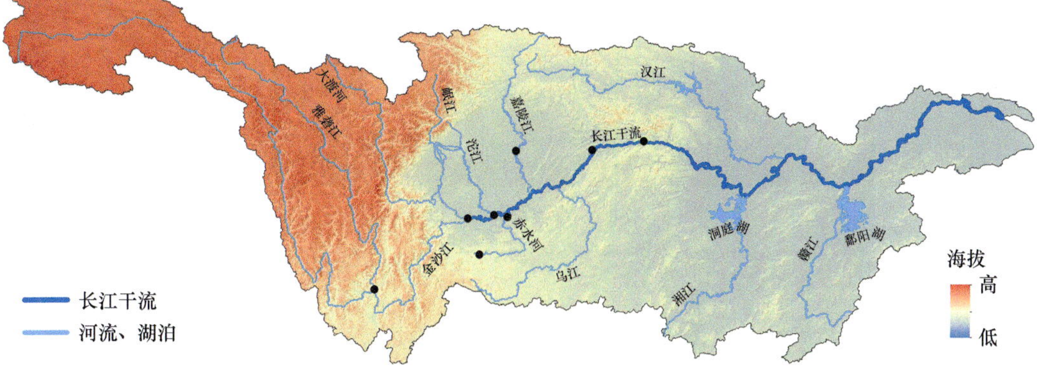

大鳞鲃在长江自然水域的发现位置

• 生态风险

大鳞鲃抢占土著鱼类的生态位，影响土著鱼类的生长。

4.1.26 花鲈鲤

• 名称

学名：*Percocypris regani*
俗名：花鱼

• 分类信息

鲤形目：Cypriniformes
鲤科：Cyprinidae
鲈鲤属：*Percocypris*

• 形态特征

花鲈鲤个体较大，属大型鱼类；最大个体体长达65cm。头较大，侧扁，头长明显大于体高和尾柄长，属凶猛肉食性鱼类。除头部外身体的其余部分被较细密的鳞片。侧线完全，略下弯，向后入尾柄的正中。腹鳍基部具腋鳞，背鳍基部具浅鳞鞘。鳃耙短小，排列较稀疏。下咽齿顶端尖而钩曲。体略侧扁，较延长。背、腹缘轮廓线均呈浅弧形。吻较尖长，肛门位于臀鳍起点。尾鳍后缘叉形。生活时体色为黄绿色，体侧上半部具分散的黑色斑点，但不成行排列。在头背和头侧的黑色斑较大，颜色较深。背鳍和尾鳍微黑，其余各鳍为灰白色（张四春等，2014）。

胡东宇提供

• 生态习性

花鲈鲤生活在敞水区水体中上层；行动迅速，为凶猛性鱼类，专猎食小型鱼类，春季繁殖。其食性的特点是性成熟前的幼体以子陵吻虾虎鱼等底栖小型鱼类和秀丽白虾为主食，成体则以生活在湖泊敞水区中上层的鳙鲫白鱼为主食。人工驯养条件下喜摄食银鱼、小杂鱼、虾等动物性饵料，但很难驯化转食配合饲料（张四春等，2014）。

• 分布

花鲈鲤在赤水河、乌江流域有分布。

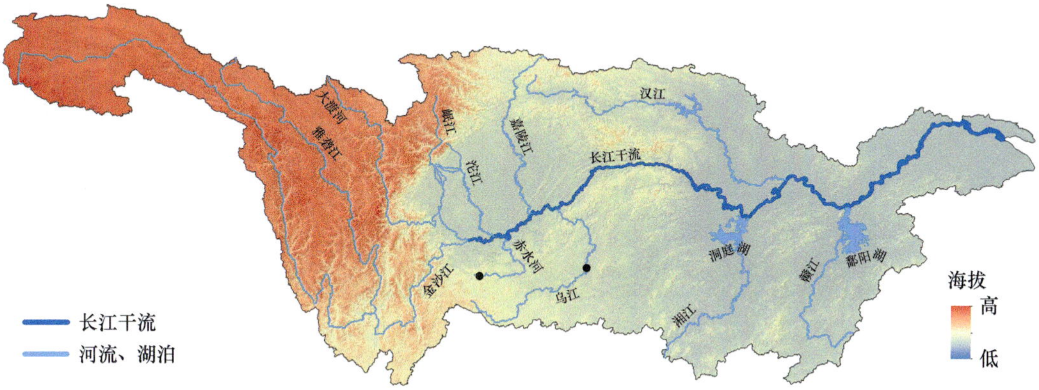

花鲈鲤在长江自然水域的发现位置

• 生态风险

花鲈鲤抢占土著鱼类的生态位，影响土著鱼类的生长。

4.1.27 三角鲤

• 名称

学名： *Cyprinus multitaeniatus*
俗名： 黄鲫、黄板鲫、江鲫、芝麻鲫

• 分类信息

鲤形目： Cypriniformes
鲤科： Cyprinidae
鲤属： *Cyprinus*

• 形态特征

三角鲤体侧扁而高，略呈菱形，尾柄高稍大于尾柄长；头小，吻钝，口端位；唇厚，表面有许多小的乳突；眼大突出，须 2 对，等长或比颌须稍长；背鳍与臀鳍均具硬棘，后缘有锯齿，胸鳍达到或超过腹鳍起点，腹鳍末端可达肛门，尾鳍呈深叉形，上下叶等长；体背部色泽灰暗，腹部银白色，体侧鳞片后缘有黑点，相连形成数列纵行条纹。体长为体高的 2.2～2.5 倍，为头长的 3.3～3.9 倍；头长为吻长的 2.8～3.0 倍，为眼径的 2.8～3.3 倍，

为眼间距的2.7～3.1倍。鳃耙18～22（陈琴和黄飞鹤，2002）。

● 生态习性

三角鲤为喜阴的中下层鱼类，一般喜在暗河溶洞等处穴居，白天很少活动，夜间则出洞觅食，以下半夜尤甚。另外，三角鲤在汛期活动也颇为频繁，适宜生长水温为15～30℃，最适生长水温为20～25℃。三角鲤为杂食偏动物食性鱼类，成鱼主要食底栖动物，如螺蛳、蚌、蚬、昆虫幼虫等；幼鱼则主要以浮游动物、小型无脊椎动物为食，兼食水草和丝状藻类等。在池塘养殖条件下，可摄食人工饲料（陈琴和黄飞鹤，2002）。

● 分布

三角鲤在长江上游干流、长江中游干流水域均有发现。

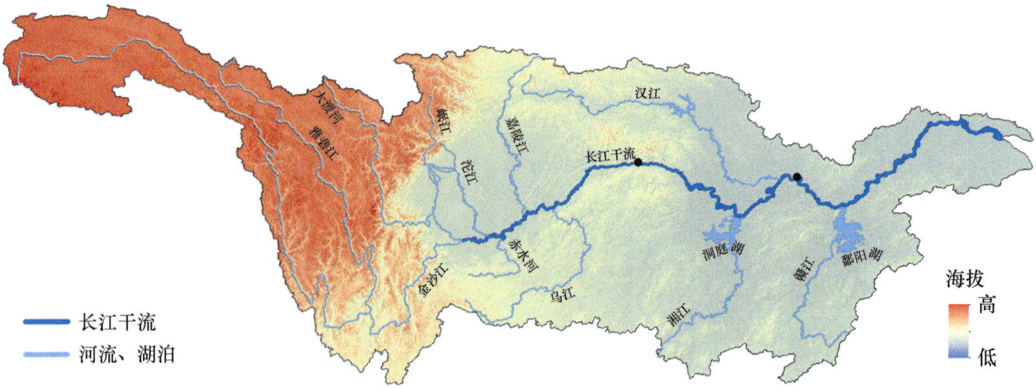

三角鲤在长江自然水域的发现位置

● 生态风险

三角鲤抢占土著鱼类的生态位，影响土著鱼类的生长。

4.1.28 锦鲤

• 名称

学名： *Cyprinus carpio* var. *haematopterus*
俗名： 红鲤鱼、花脊鱼

• 分类信息

鲤形目： Cypriniformes
鲤科： Cyprinidae
鲤属： *Cyprinus*

• 形态特征

锦鲤体型和鲤鱼相似，体侧扁呈纺锤形，体表覆盖鳞片，体色绚丽多彩。不同品种的花纹、色彩不同。口角有吻须 2 对。躯干上生有胸鳍、背鳍、腹鳍、臀鳍和尾鳍。锦鲤是鲤的变种，属鲤科鲤属，根据色彩、斑纹等分布情况，锦鲤又分为红白、大正三色、昭和三色等 13 个品系（彭绍臣，2001）。

• 生态习性

锦鲤常生活在江河、湖库、池塘等水域的中下层，性情温和，喜群游摄食，可摄食软体动物、水生植物、藻类、米饭、面食。锦鲤适应环境的能力强，对水温、水质等条件要求不严格，可适应 2～30℃的水温，最适生活水温为 20～26℃。但锦鲤不耐温度突变，温差突然超过 2～3℃，容易引起疾病（彭绍臣，2001）。

• 分布

锦鲤在长江干流、汉江、洞庭湖均有发现。

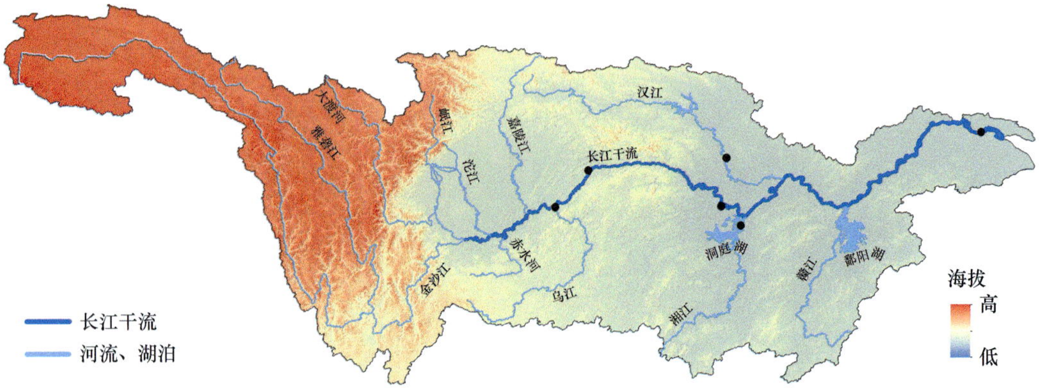

锦鲤在长江自然水域的发现位置

• 生态风险

锦鲤和土著鲤杂交会造成遗传侵蚀。

4.1.29 须鲫

• 名称

学名： *Carassioides cantonensis*

俗名： 三角鲫

• 分类信息

鲤形目： Cypriniformes

鲤科： Cyprinidae

须鲫属： *Carassioides*

• 形态特征

须鲫体侧扁而高，略呈菱形，腹部圆；尾柄宽短，其高大于长；头小，吻钝圆而短，吻长小于或等于眼径；口端位，呈深弧形，口裂末端未达眼前缘；须 2 对，短小，口角须稍长于吻须；眼大，侧上位，眼后缘至吻端的距离大于眼后头长；鳞大，侧线平直，向后伸达尾柄中央；背鳍外缘平截或微凹，起点与腹鳍起点相对，臀鳍起点与背鳍倒数第三或第四根相对，鳍条末端可达尾鳍基；背鳍、臀鳍末根不分枝鳍条均为后缘带锯齿的硬棘；胸鳍末端一般可伸达腹鳍起点；腹鳍末端不伸达肛门；尾鳍分叉；鳃耙细长，排列紧密；下咽骨呈弓形，下咽齿 2 行，第一枚齿呈圆锥形，第二至第四枚齿宽而侧扁；齿冠有 1 道沟纹，内行齿小，近圆锥形；体背侧及头部灰黑色，腹部银白色，鳍浅灰色，背鳍的前部鳍条边缘黑色，尾鳍边缘黑色。

• 生态习性

须鲫栖息于江河、缓流或完全静止的大形水体中，为中下层鱼类。食性杂，以藻类、水草、浮游动物、水生昆虫的幼体及腐殖质为食，生长慢；产卵期南海为 2～4 月，东海以北为 5～6 月，漂浮性卵；有洄游特性。

• 分布

须鲫在长江上游干流水域有发现。

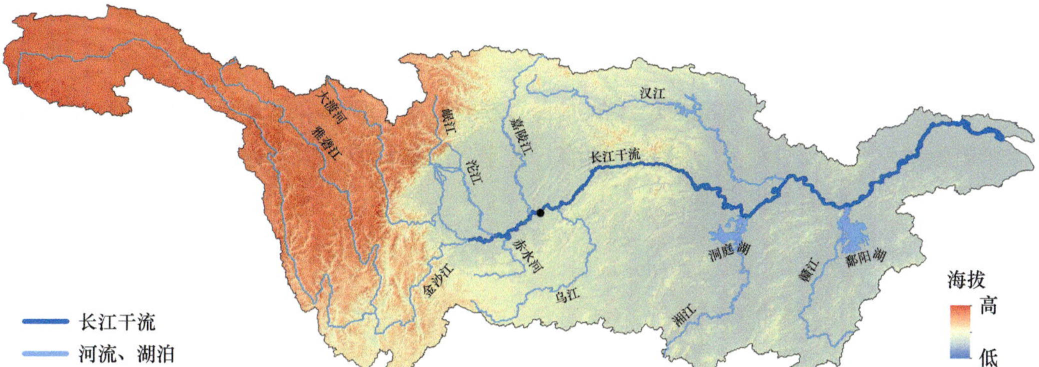

须鲫在长江自然水域的发现位置

• 生态风险

须鲫与土著鱼类竞争食物和空间。

4.1.30 北方鳅

• 名称

学名： *Cobitis sibirica*

俗名： 扁担钩、花泥鳅、水长虫

● 分类信息

鲤形目： Cypriniformes
鳅科： Cobitidae
花鳅属： *Cobitis*

● 形态特征

北方鳅体细长，稍侧扁，头较小，相对较高而侧扁；口亚下位，口须4对，吻端1对，上颌1对，口角1对，下颌1对；口须相对较长，后延达眼中央下方；吻厚，眼前部狭窄而高；眼小，眼前下方有眼下刺，眼间距短小；鳞片细小，侧线鳞不完全；体棕灰色，腹部白色，背部具13～18个大斑，体侧及头部具蠕虫形花纹或不规则斑点；尾鳍上侧具有一明显黑斑，有的个体黑斑不明显。

● 生态习性

北方鳅生活在砂砾底质的沟渠缓流或水质较肥且多水草的静水环境，以藻类和高等植物碎屑为食；喜活动于江河缓流，在湖泊、水库、沼泽水域等也有分布；食物以底栖动物及枝角类为主，肠道中也发现有藻。

● 分布

北方鳅在长江上游干流、长江中游干流、汉江均有发现。

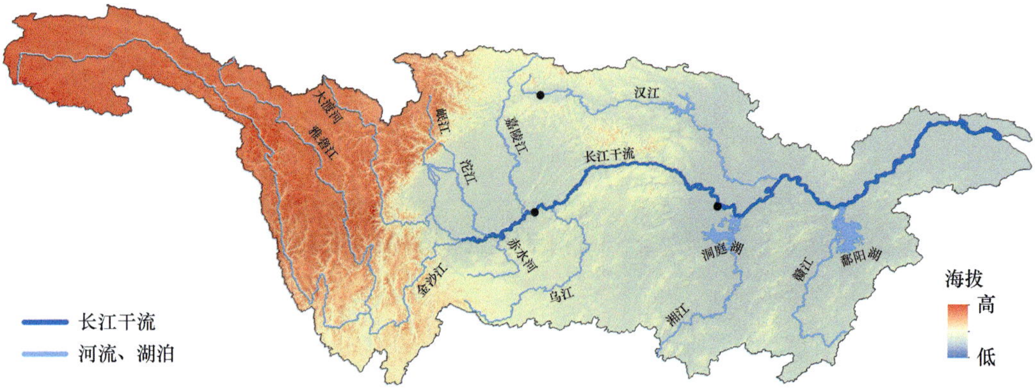

北方鳅在长江自然水域的发现位置

• 生态风险

北方鳅对长江水生生态系统的威胁主要体现在通过食物竞争，影响土著物种生存，此外还存在与土著鳅类杂交的潜在风险。

4.1.31 北方泥鳅

• 名称

学名： *Misgurnus mohoity*
俗名： 黑龙江泥鳅

• 分类信息

鲤形目： Cypriniformes
鳅科： Cobitidae
泥鳅属： *Misgurnus*

• 形态特征

北方泥鳅体细，稍侧扁；头较小，吻圆钝，口亚下位，呈马蹄形，须5对，较短，其中口角须1对、吻须1对、上颌须2对、下颌须1对；眼间距较小，眼至吻的距离小于眼后头长；腹鳍基部起点与背鳍第二至第四根分枝鳍条基部相对，尾柄皮褶棱不发达；鳞片较小，深埋于皮下，侧线完全。体背部灰黑色，腹部浅黄色，体上侧有斑点。

王宇晨提供

• 生态习性

北方泥鳅为底层鱼类，常栖息于河沟、湖泊及沼泽沙质泥底的静水或缓流水体，适应性较强；5～7月产卵繁殖，卵略带黏性，产出后黏附于水草上；以昆虫及其幼虫、小型甲壳动物、植物碎屑及藻类为食。

• 分布

北方泥鳅在汉江流域有发现。

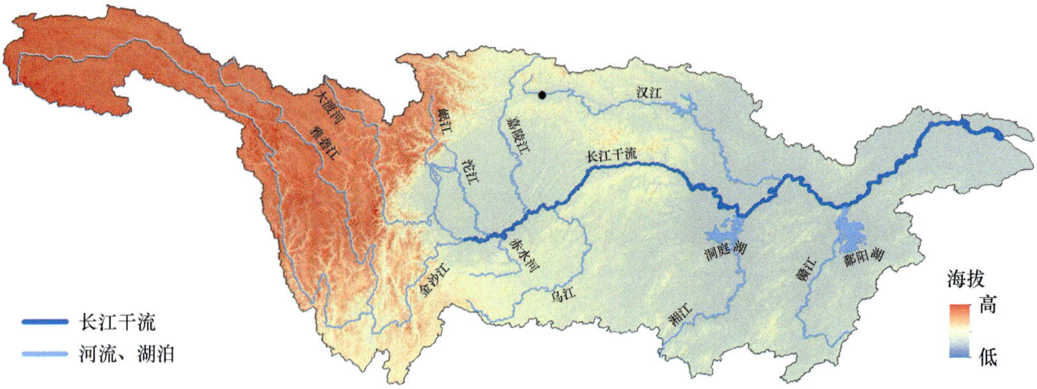

北方泥鳅在长江自然水域的发现位置

• 生态风险

北方泥鳅与土著物种存在竞争。

4.1.32 散鳞镜鲤

• 名称

学名： *Cyprinus carpio* var. *specularis*

俗名： 镜鲤、三道鳞

• 分类信息

鲤形目： Cypriniformes

鲤科： Cyprinidae

鲤属： *Cyprinus*

• 形态特征

散鳞镜鲤体型较粗壮，呈纺锤形，头后背部隆起，头较小，眼较大，口亚下位，略呈马蹄形；颌须2对，口须较长，一般为颌须的2倍左右，鳔两室，前室较大于后室，背鳍条17～21，尾鳍叉形，下叶呈浅橘红色；各鳍基部均有鳞片，个别的个体在侧线上见有少数鳞片；体侧其他部位裸露，无鳞片，故得名。

• 生态习性

散鳞镜鲤耐寒能力极强，可在1～3℃的水体中安全度过150天的越冬期，对环境的适应能力强，较为耐低氧；杂食性，偏以底栖动物为食；性成熟年龄：雄鱼1～3龄，雌鱼2～4龄；性腺一般一年成熟一次，属于分批产卵型。

• 分布

散鳞镜鲤在雅砻江、赤水河、沱江、嘉陵江、汉江、长江干流水域均有发现。

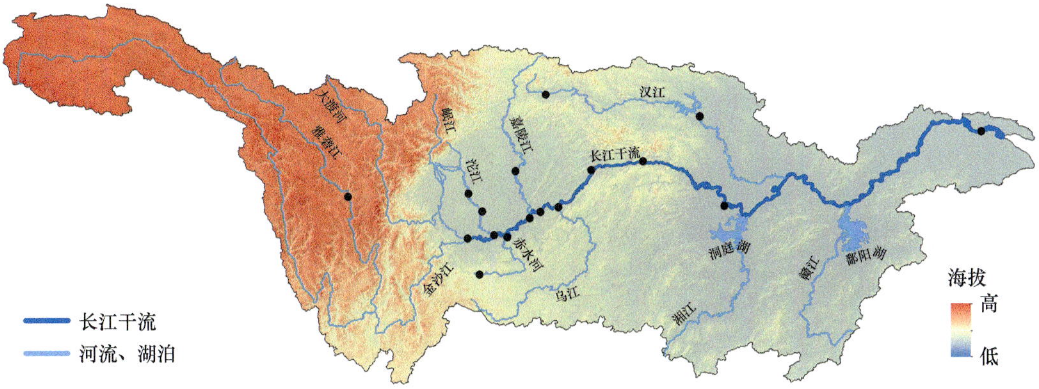

散鳞镜鲤在长江自然水域的发现位置

• 生态风险

散鳞镜鲤占据本地鲤的生态位，对本地鲤造成遗传侵蚀。

4.2 外来水生植物

4.2.1 喜旱莲子草

• 名称

学名： *Alternanthera philoxeroides*

俗名： 空心莲子草

• 分类信息

石竹目： Centrospermae

苋科： Amaranthaceae

莲子草属： *Alternanthera*

• 形态特征

喜旱莲子草是多年生宿根杂草，上端矗立、舒展，管状，茎上有分枝，节间处生根；叶对生，叶片为矩圆形或矩圆状倒卵（披针）形。喜旱莲子草具有不定根系，不定根可进一步发育成肉质贮藏性根，其中水生型喜旱莲子草不定根上不具根毛，陆生型喜旱莲子草不定根上有根毛。茎节数量多，每个茎节都可以生根繁殖。喜旱莲子草与莲子草的区别主要在于花梗，喜旱莲子草有花梗，或长或短，总花梗为头状花序，花白色；而莲子草花序腋生，无总花梗，花序几乎紧贴在茎上（杨凤梅等，2022）。

• 生态习性

喜旱莲子草对环境的适应能力极强，能耐高温、耐冰冻、耐盐碱，既能在陆地生存，又能在水体中生存；繁殖方式以无性繁殖为主。

• 分布

喜旱莲子草分布于金沙江、赤水河、岷江、沱江、嘉陵江、长江干流、汉江、洞庭湖、鄱阳湖。

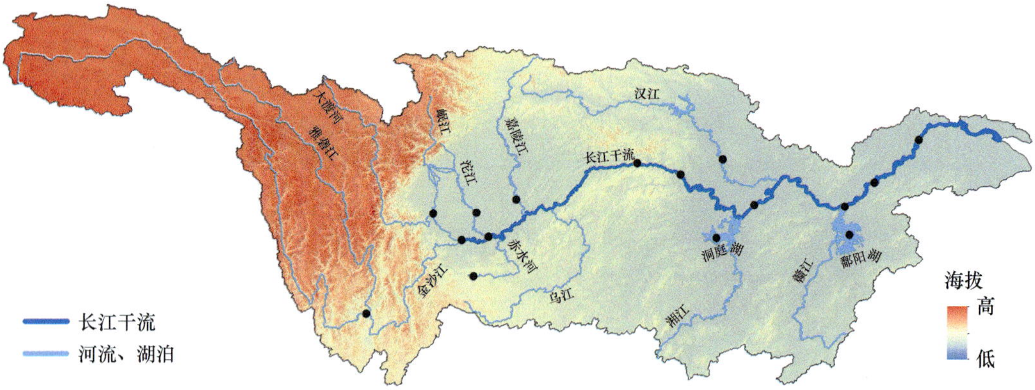

喜旱莲子草在长江自然水域的发现位置

• 生态风险

喜旱莲子草的发生与人类活动密切相关。有研究表明，喜旱莲子草与水生植物水葫芦能够形成优势种群，大量繁殖蔓延覆盖水面，会造成水上交通不便，污染水源，并造成航道堵塞。喜旱莲子草为无性繁殖，具有强大的繁殖能力，只要很小一段茎埋进土里就能够生根发芽，在农田中很容易生长。其广泛蔓延会侵害农田导致农作物产量降低，从而造成经济损失。此外，喜旱莲子草迅速大量繁殖，会侵害草坪，影响景观，增加护养成本（沈国军等，2005；丁聪等，2017）。

作为外来入侵物种，喜旱莲子草特有的生物学特性使其在迅速大量繁殖及蔓延方面具有显著优势。对于水生型喜旱莲子草，迅速大量疯长会大面积覆盖水体表面导致其他水生生物的供氧量不足。水生型喜旱莲子草腐烂后滋生的大量微生物会危害其他生物，打破水生生物原有的生物链关系，甚至可能会导致其他水生生物濒临灭亡（丁聪等，2017）。

4.2.2 凤眼莲

• 名称

学名： *Eichhornia crassipes*

俗名： 水葫芦、水浮莲、凤眼蓝、水葫芦苗、布袋莲、浮水莲花

• 分类信息

粉状胚乳目： Farinosae

雨久花科： Pontederiaceae

凤眼蓝属： *Eichhornia*

• 形态特征

凤眼莲水上部分高 30～50cm；叶绿，为根出叶，卵形、倒卵形或肾脏形，表面光亮，具弧形脉，集生于短缩茎上，呈莲座状，斜出向上生长，叶肉肥厚、柔嫩多汁；叶柄中下部具膨大成葫芦状的气囊（生于浅水泥中的植株，叶柄不膨大成气囊），其中为海绵组织，含有大量空气，承托整个植株浮于水面；茎为实心，节间不明显；夏秋开花为淡紫色，集成穗状花序，有花 6～12 朵，花被漏斗状，雌雄同花，雄蕊 6 枚，雌蕊 1 枚，子房上位；种子微小，有棱，呈枣核状，黄褐色；须根，丛生在短缩茎基部，长达 40～50cm，向下分散悬垂水中，新根白色或淡紫色，老根黑色（安鑫龙和李婷，2007）。

• 生态习性

凤眼莲性喜温暖，最适生长温度为27～30℃，在气温13℃时开始繁殖。凤眼莲的生长很大程度上受到气候特别是温度的影响，有一定的抗寒能力，能在5℃的温度下自然越冬；当水温低于5℃或高于35℃时即开始死亡（严国安等，1994）。凤眼莲适宜生长的光照要求为240 000lx，最低光照要求为24 000lx。适宜生长的pH范围为6～9，其最佳生长pH为6.9～7（安鑫龙和李婷，2007）。

• 分布

凤眼莲在雅砻江、金沙江、岷江、赤水河、嘉陵江、汉江、乌江、沱江、长江干流、洞庭湖、鄱阳湖水域均有发现。

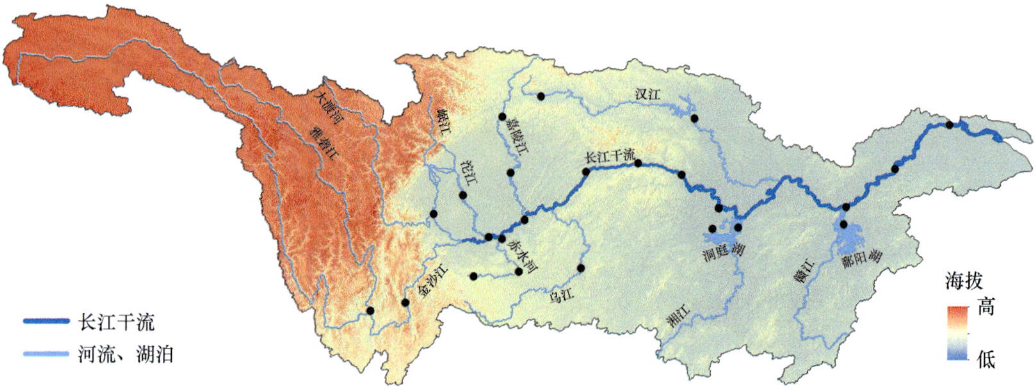

凤眼莲在长江自然水域的发现位置

• 生态风险

凤眼莲的生态风险有4个方面：第一，凤眼莲在湿地生态系统中快速繁殖和生长破坏了生态系统的结构和功能。第二，凤眼莲堵塞河道，大大减缓了水流的速度，延长了河流生态系统的物质流入和流出的时间及污染物在河流中滞留的时间。凤眼莲蔓延时可覆盖整个湖泊、池塘，会降低水中溶氧的浓度和水体的透光度，致使水生动植物因缺氧、缺光而死。第三，凤眼莲蔓延时降低了湿地生态系统的物种多样性。凤眼莲通过抑制或排挤湿地生态系统中的土著种，形成单优势种群，占据了土著种的生存空间，造成土著种栖息地的丧失，从而使土著种灭绝，最终导致生物多样性下降（张吉鹍，2010）。第四，凤眼莲植株大量吸附重金属等有毒物质，死亡后与泥沙混合沉积水底，构成了对水体的二次污染，加剧了环境污染的程度（Ashton et al.，1979）

4.2.3 水盾草

• 名称

学名： *Cabomba caroliniana*

俗名：绿菊花草、竹节水松

● 分类信息

毛茛目：Ranales
莼菜科：Cabombaceae
水盾草属：*Cabomba*

● 形态特征

水盾草为多年生水生草本，茎、叶绿色。茎长可达1.5m，分枝，幼嫩部分有短柔毛。沉水叶对生，叶柄长1～3cm，叶片长2.5～3.8cm，掌状分裂，裂片3～4次二叉分裂成线形小裂片；浮水叶少数，在花枝顶端互生，叶片盾状着生，狭椭圆形，长1～1.6cm，宽1.5～2.5mm，边全缘或基部二浅裂，叶柄长1～2.5cm。花单生枝上部沉水叶或浮水叶腋；花梗长1～1.5cm，被短柔毛。萼片浅绿色，无毛，椭圆形，长7～8mm，宽约3mm；花瓣绿白色，与萼片近等大或稍大，基部具爪，近基部具一对黄色腺体；雄蕊6，离生，花丝长约2mm，花药长1.5mm，无毛；心皮3，离生，雌蕊长3.5mm，被微柔毛，子房1室，通常具3胚珠。花期10月。果未见（丁炳扬，2000）。

● 生态习性

水盾草喜温暖湿润、全年有雨、年均温15～18℃的气候，最适生长温度为13～27℃，但其也可以忍耐0℃以下的低温。水盾草在酸性和碱性水体中均能生长，但最适宜生长在pH为4～6的水体中；当pH达到7～8时，生长受到抑制；pH超过8时，则停止生长。水盾草在富营养的水体中生长良好，而高钙抑制其生长（张群，2012）。

● 分布

水盾草原产于南美洲。在我国分布于江苏、上海、浙江、山东、北京；1993年在浙江省鄞县（现鄞州区）首次发现，1998 年在江苏省吴县市（现吴中区、相城区）太湖乡采到标本；主要分布于中国浙江北部的杭嘉湖平原和宁绍平原、江苏南部的太湖流域及上海西部的淀山湖附近的河网地带。

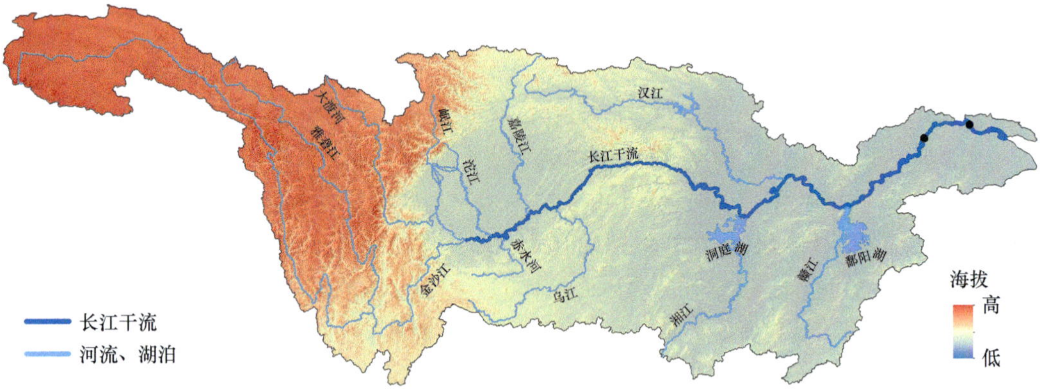

水盾草在长江自然水域的发现位置

• 生态风险

水盾草会侵占土著植物的生态位，导致土著植物大量消减（何金星等，2011）。

4.3 其他外来水生动物

4.3.1 福寿螺

• 名称

学名： *Pomacea canaliculata*

俗名： 大瓶螺

• 分类信息

中腹足目： Mesogastropoda

瓶螺科： Ampullariidae

瓶螺属： *Pomacea*

• 形态特征

福寿螺个体较大，贝壳薄而脆，重量可达 187g 左右，外观呈淡橄榄绿色或黄褐色，为雌雄异体的卵生动物，卵块呈粉红色葡萄状，是热带的两栖螺类。

• 生态习性

福寿螺喜栖于缓流河川、阴湿通气的沟渠、溪河及水田等处，食性杂，食量非常大，喜食鲜嫩多汁的植物，但在食物来源不足的情况下甚至可以啃食非常粗糙的植物和刮食石头上的藻类，其排泄物还会污染水体（李小慧等，2009）。

• 分布

福寿螺于雅砻江、赤水河、岷江、嘉陵江、汉江、长江干流、洞庭湖、鄱阳湖水域均有发现。

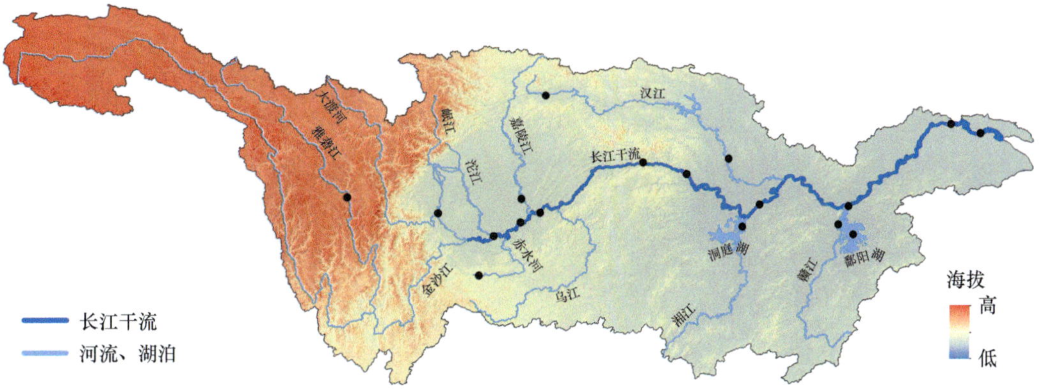

福寿螺在长江自然水域的发现位置

• 生态风险

福寿螺对水稻、莲、茭白、芋头、荸荠、菱角、芡实、蕹菜等水生作物危害甚大（杨叶欣等，2010）。与本地物种竞争导致本地淡水生物减少，甚至绝迹，影响水生生物多样性。

4.3.2 克氏原螯虾

• 名称

学名： *Procambarus clarkii*

俗名：小龙虾、大头虾、克氏螯虾

● 分类信息

十足目：Decapoda
螯虾科：Cambaridae
原螯虾属：*Procambarus*

● 形态特征

克氏原螯虾整个身体由头胸部和腹部共 20 节组成，除尾节无附肢外共有附肢 19 对，体表具有坚硬的甲壳。该虾头部 5 节，胸部 8 节，头部圆筒形，前端有一额角，三角形。额角表面中部凹陷，两侧有隆脊，尖端锐刺状。头胸甲两侧具粗糙颗粒。腹部共有 7 节，其后端有一扁平的尾节与第六腹节的附肢共同组成尾扇。胸足 5 对，第一对呈螯状，粗大。第二、第三对钳状，后两对爪状。腹足 6 对，雌性第一腹足退化，雄性前两对腹足演变成钙质交接器。各对附肢具有各自的功能。克氏原螯虾性成熟个体暗红色或深红色，未成熟个体淡褐色、黄褐色等。常见个体全长为 3.5～12.5cm（方春林等，2010）。

● 生态习性

克氏原螯虾为夜行性动物，多营底栖爬行生活。稍遇惊吓，即弹跳躲避。栖息于湖泊、河流、水库、沼泽池塘及沟渠中，有时也见于稻田。在食物较为丰富的静水沟渠、池塘和浅型湖泊中较多，栖息地多为土质，有较多的水草、树根或石块等隐蔽物。白天常潜伏在水体底部光线较暗的角落、石块旁、草丛及洞穴中，夜晚出来摄食。该虾有较强的攀缘能力和掘洞能力。克氏原螯虾是杂食性动物，对各种谷物、饼类、蔬菜、陆生牧草及水体中的水生植物、着生藻类、浮游动物、水生昆虫、小型底栖动物及动物尸体均能摄食，也喜食人工配合饲料（方春林等，2010）。

• 分布

克氏原螯虾现分布于赤水河、沱江、嘉陵江、乌江、长江干流、汉江、洞庭湖、鄱阳湖地区。

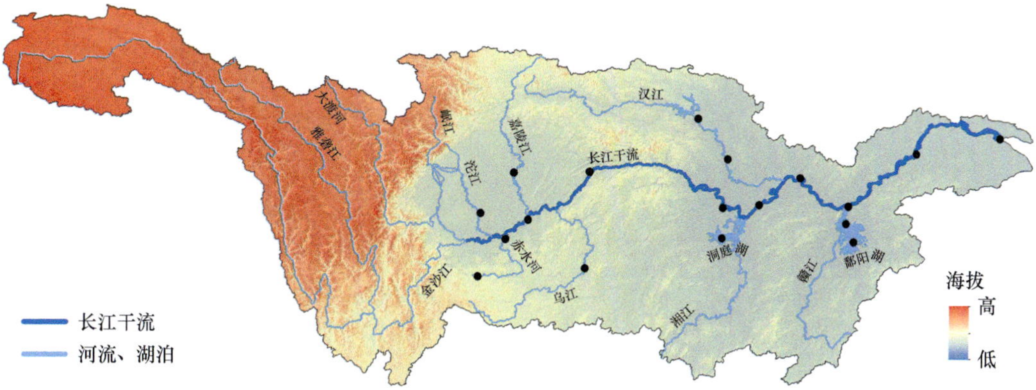

克氏原螯虾在长江自然水域的发现位置

• 生态风险

克氏原螯虾可以破坏引入地水生环境。克氏原螯虾在河流和湖泊中是重要的消费者，常常左右着湖泊和河流中无脊椎动物的生物量。它们可以在引进后快速达到很高的密度，从而改变食物网，使得它们的可利用资源快速地消减，可能导致引入地生物多样性的丧失。克氏原螯虾与本地物种竞争资源（陈昌福，2017）。

4.3.3 罗氏沼虾

• 名称

学名： *Macrobrachium rosenbergii*

俗名： 淡水大虾、长臂大虾、马来西亚大虾等

• 分类信息

十足目： Decapoda

长臂虾科： Palaemonidae

沼虾属： *Macrobrachium*

• 形态特征

罗氏沼虾一般呈淡青蓝色，间有棕黄色斑纹，性成熟雄虾第二步足多呈蔚蓝色。罗氏沼虾外被几丁质甲壳，全身分头胸部和腹部，头胸部粗大，腹部自前向后逐渐变小。额角和头胸甲的长度约相等，末端1/3处稍向上弯曲且趋窄。头部和胸部愈合成头胸部，它们

的体节无法区别开来，但各体节相应的附肢分别存在。腹部除第七节（尾节）外，各具一对附肢，第六对附肢演变后与尾节共同构成尾扇。成虾个体一般雄虾较雌虾大，雄虾第二步足特别发达、粗壮，其长度为雌虾的 1.5～1.7 倍（陈文静等，2000）。

• 生态习性

罗氏沼虾属热带性虾，生长适温为 24～25℃，幼虾到成虾阶段生活在淡水中，成熟的亲虾在淡水中交配、抱卵，在咸水中排苗，幼体在咸水中发育；属杂食性动物，不同的生长发育阶段，主要以水生昆虫幼虫、小型甲壳类、水生蠕虫、其他动物尸体及有机碎屑、幼嫩植物碎片等为食物；喜栖息于水草丛中，一般白天潜伏在水底或水草丛中，晚上出来觅食，食性为杂食性，性成熟年龄为 0.5～1 龄，一年多次产卵类型，每隔 30～40 天产卵 1 次，即黏附于腹节附肢上孵化。

• 分布

罗氏沼虾在长江中游干流、汉江、洞庭湖、鄱阳湖水域均有发现。

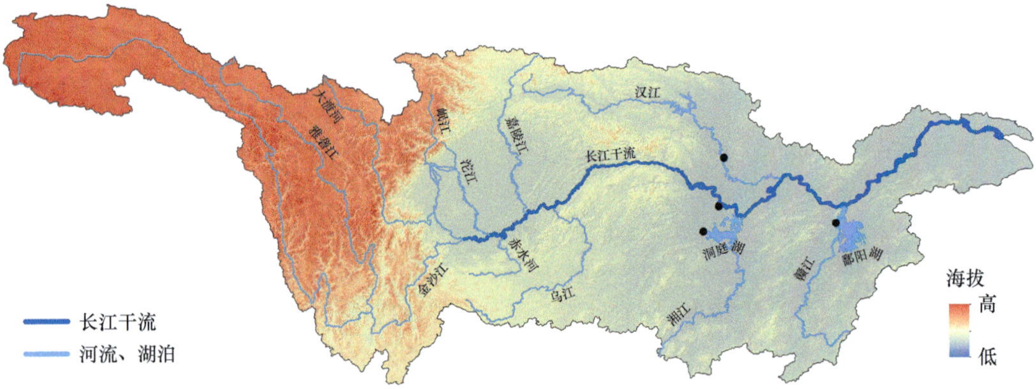

罗氏沼虾在长江自然水域的发现位置

● 生态风险

罗氏沼虾压制本地虾类的种群增长，严重时会造成本地虾类资源衰减。

4.3.4 非洲大蜗牛

● 名称

学名： *Achatina fulica*
俗名： 非洲巨蜗牛、露螺、褐云玛瑙螺、东风螺、菜螺、花螺、法国螺

● 分类信息

柄眼目： Stylommatophora
玛瑙螺科： Achatinidae
非洲大蜗牛属： *Achatina*

● 形态特征

非洲大蜗牛成螺螺壳大型，壳质稍厚，具有光泽，呈长卵圆形，各螺层增长缓慢，螺旋部呈圆锥形，体螺层膨大，其高度约为壳高的3/4。壳顶尖，缝合线深，壳面为黄色或深黄底色，带焦褐色雾状花纹，胚壳一般呈玉白色，其他各螺层有断续的棕色条纹，生长线粗而明显。壳内为淡紫色或蓝白色。体螺层上的螺纹不明显，各螺层的螺纹与生长线交错，壳口呈卵圆形，口缘简单、完整，外唇薄而锋利，易碎，内唇贴覆于体螺层上，形成“S”形的蓝白色胼胝部。轴缘外折，无脐孔。螺体足部肌肉发达，背面呈暗棕黑色，跖面呈灰黄色，黏液无色。螺体色泽变化很大，一般为黑褐色（刘若思等，2020）。

生态习性

非洲大蜗牛具有昼伏夜出性、群居性等特点，适于生长在南北回归线之间的潮湿温热地带，栖息于阴暗潮湿的杂草丛、农田、菜园、果园、房屋墙角等隐蔽处，以及腐殖质多而疏松的土壤表层、枯草堆中、乱石穴下、枯枝落叶层下。一般晚上 20:00 以后开始爬出活动，晚上 21:00～23:00 为活动高峰期，次日凌晨 5:00 左右返回原栖居地或就近隐藏（王代昌，2005）。非洲大蜗牛最适生长温度为 23～30℃，生存温度为 0～39℃（周卫川等，1989），当气温低于 14℃或超过 39℃时，它会将整个身体缩回壳中，并通过分泌黏液形成保护膜而进入休眠或滞育状态（王代昌，2005）。其耐饥能力惊人，在无水、无食物的条件下可存活 8 个月之久（周卫川等，1989）。

分布

非洲大蜗牛在长江下游干流水域有发现。

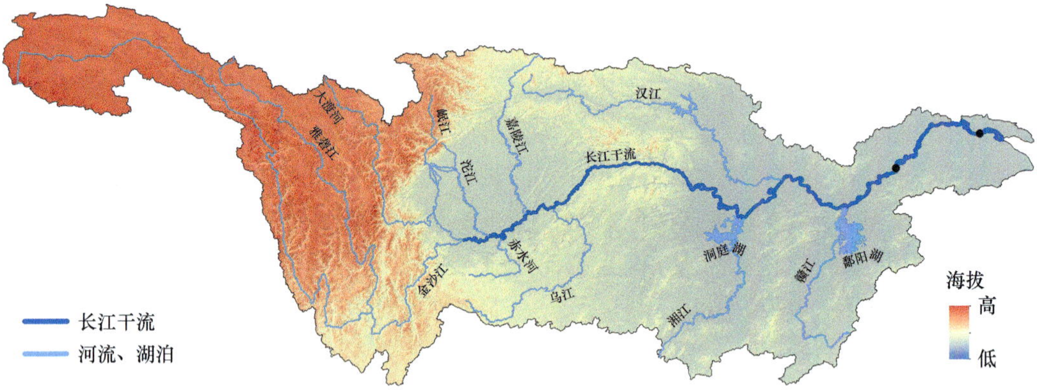

非洲大蜗牛在长江自然水域的发现位置

生态风险

非洲大蜗牛作为外来入侵物种，在成功入侵后，不仅对生态系统的多样性造成不可逆转的破坏，对物种的多样性也产生一定的威胁，并造成严重的生物污染（徐海根等，2004），危害草木（游意，2016）。

4.3.5 红耳彩龟

名称

学名： *Trachemys scripta*

俗名： 巴西龟、巴西红耳龟、秀丽锦龟、翠龟、麻将龟等

分类信息

龟鳖目： Testudoformes

泽龟科： Emydidae

滑龟属： *Trachemys*

• 形态特征

红耳彩龟头部有黄色及浅绿色纵向条纹，眼后有一对红色条纹，背部呈绿色规则几何图案，四周裙边似花蝴蝶翅膀，腹甲处有黑、白、黄相间的甲骨文字样花纹（李配银和赵春光，2017）。

• 生态习性

红耳彩龟营水、陆两栖生活，常生活在河流、湖泊、溪流之中，并可离水上岸不远处觅食；日光、月光下晒背；繁殖季节登岸在陆上产卵。红耳彩龟行动敏捷，适应性广，喜暖怕冷，生存温度为2～38℃；属杂食性龟，喜食肉类，如鱼、虾、螺、蚌肉、动物内脏等；稚龟以动物性饵料为主，如红虫、丝蚯蚓等；人工养殖时也吃配合饲料；感觉灵敏、好动，对环境适应性强，耐恶劣环境，与其他龟类在一起时显示其较强的抢食性。

• 分布

红耳彩龟分布于沱江、赤水河、嘉陵江、长江中游干流、洞庭湖、长江下游干流地区。

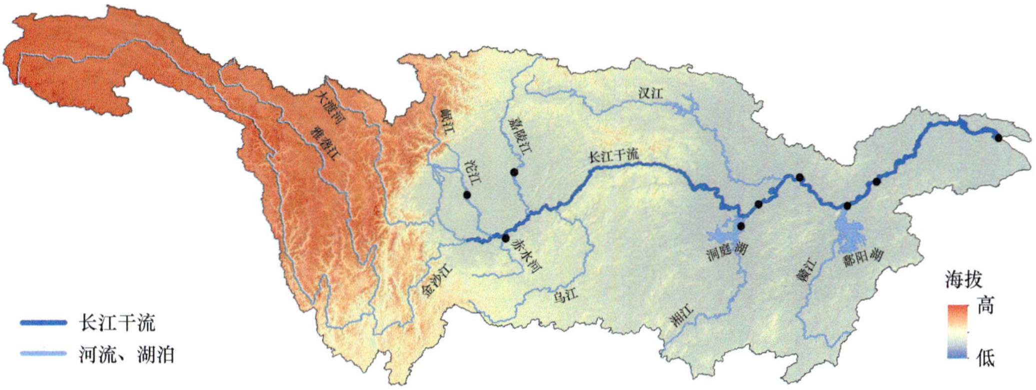

红耳彩龟在长江自然水域的发现位置

• 生态风险

红耳彩龟抢占本地龟的生态位，影响本地龟的生长。

4.3.6 拟鳄龟

• 名称

学名： *Chelydra serpentina*
俗名： 鳄鱼龟、小鳄龟、美国蛇龟

• 分类信息

龟鳖目： Testudines
鳄龟科： Chelydridae
拟鳄龟属： *Chelydra*

• 形态特征

拟鳄龟粗看酷似鳄鱼，头部为三角形，不能完全缩入壳内；口裂大，达眼睛后部，吻尖，眼圆而有神，成体多为褐色，幼体黑色；背部具有 3 条棱，并有从棱顶向外呈放射状的条纹。背甲后缘呈锯齿状，腹甲小，呈浅黄色，中间有“十”字形条纹，四肢肥大粗壮，不能完全缩入壳内，爪带沟较长，趾间带蹼。尾长而尖，上有棘突。

• 生态习性

拟鳄龟是水栖龟类，喜安静的环境，白天喜在水中，伏在木头或石块上，有时也

漂浮在水面；生活水温为3～45℃；成体拟鳄龟性情暴躁、凶猛，能主动攻击人；杂食性；繁殖方式与其他龟一样为卵生。拟鳄龟的产卵期为6～9月，在水温25℃左右时产卵。

• 分布

拟鳄龟在沱江、乌江、长江干流、洞庭湖水域有发现。

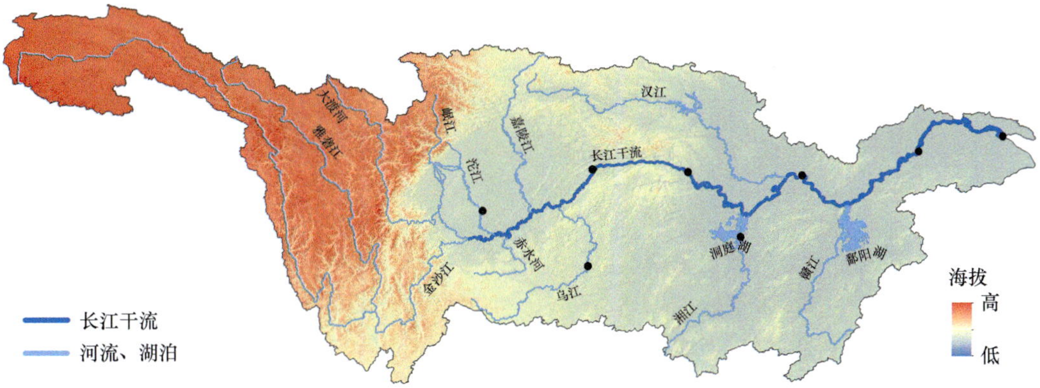

拟鳄龟在长江自然水域的发现位置

• 生态风险

拟鳄龟被发现抢占本地龟的生态位，影响本地龟的生长。

4.3.7 美洲牛蛙

• 名称

学名： *Rana catesbeiana*

俗名： 牛蛙、美国牛蛙

• 分类信息

无尾目： Anura

蛙科： Ranidae

蛙属： *Rana*

• 形态特征

美洲牛蛙成体体长一般在70～170mm，最大可在200mm以上，是现生最大的蛙类之一；皮肤通常光滑，无背侧褶，吻部宽圆；雌性的鼓膜约与眼等大，雄性的则明显大于眼；第四趾甚长，蹼不能完全达趾端；体色由于地区的不同往往变化很大；背部变化从绿色至棕色均有，但多为绿色；通常杂有棕色斑点，有时有灰色或棕色的网状花纹；腹面白色，有时有灰色斑，在成体的喉部常常有黄色条纹。

●生态习性

美洲牛蛙喜生活在气候温暖的地区，在沼泽、湖塘、水坑、河沟、稻田及水草繁茂的静水水域中均能生存。典型的栖息环境包括：小型湖泊、永久性池塘、湖泊、池塘内生长有水生植物和由沉积物堆积而成的浅水区。

●分布

美洲牛蛙在金沙江、赤水河、沱江、嘉陵江、长江干流、汉江、洞庭湖、鄱阳湖水域有发现。

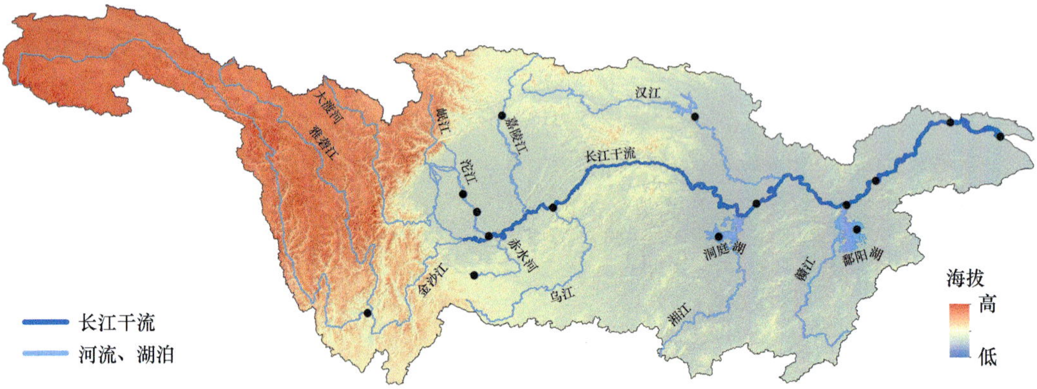

美洲牛蛙在长江自然水域的发现位置

●生态风险

美洲牛蛙由于捕食、竞争及传播疾病，增加了本地两栖类减少和灭绝的风险。

参考文献

安鑫龙，李婷. 2007. 凤眼莲的生态特征. 水利渔业, 27(4): 82-84.
曹丽萍，丁炜东，贾永义，等. 2006. 奥利亚罗非鱼(♀)×鳜(♂)杂交后代及其双亲的染色体核型分析. 农业生物技术学报, 14(2): 187-190.
曹培健，于明坚，金孝锋，等. 2006. 水盾草入侵沉水植物群落主要种群生态位和种间联结研究. 浙江大学学报(农业与生命科学版), 32(3): 334-340.
陈昌福. 2017. 美味的小龙虾也存在风险？陈昌福谈克氏原螯虾养殖热潮与生态危机之隐忧. 当代水产, 42(8): 82-86.
陈开健，肖调义，文祝友，等. 2004. 麦瑞加拉鲮与露斯塔野鲮生物学特性的比较研究. 内陆水产, 29(6): 36-37.
陈琴，黄飞鹤. 2002. 三角鲤生物学特性及苗种培育技术. 水利渔业, 22(1): 30-31.
陈生熬，谢从新，王腾云，等. 2014. 塔里木河流域多浪水库云斑鮰生物学特征分析. 塔里木大学学报, 26(1): 42-45.
陈素芝，叶卫. 1995. 我国引进鲇形目鱼类的初步研究. 动物学杂志, 30(2): 10-16.
陈文静，熊国根，邓勇辉，等. 2000. 罗氏沼虾生物学研究. 江西水产科技, (4): 15-19.
陈细华. 2007. 鲟形目鱼类生物学与资源现状. 北京：海洋出版社.
陈玉琳，胡秀敏，朱雅珠. 1980. 莫桑比克罗非鱼幼鱼的性腺发育与分化. 水产学报, 4(4): 313-318.
戴昆. 1989. 牛蛙在新疆具有发展前景. 干旱区研究, (4): 44.
丁炳扬. 2000. 中国水生植物一新归化属：水盾草属(莼菜科). 植物分类学报, 38(2): 198-200.
丁炳扬，于明坚，金孝锋，等. 2003. 水盾草在中国的分布特点和入侵途径. 生物多样性, 11(3): 223-230.
丁聪，徐飞，朱雅洁. 2017. 空心莲子草的国内入侵及控制利用研究进展. 山东林业科技, 47(6): 93-95.
董杨，申志新，王海桂，等. 2020. 海南省外来淡水生物入侵现状、危害及防控策略. 水生态学杂志, 41(3): 85-91.
方春林，邓勇辉，余智杰，等. 2010. 克氏原螯虾生物学特性的研究. 江西水产科技, (3): 18-20.
耿龙武，徐伟，蔺玉华，等. 2010. 大鳞鲃人工繁育技术初报. 吉林农业大学学报, (2): 104-106.
广西壮族自治区水产研究所，中国科学院动物研究所. 1981. 广西淡水鱼类志. 南宁：广西人民出版社.
何金星，黄成，万方浩，等. 2011. 水盾草在江苏省重要湿地的入侵与分布现状. 应用与环境生物学报, 17(2): 186-190.
黄宁宇，樊强国，顾孝连，等. 2010. 内陆水库放养西伯利亚鲟的食物组成及与底栖动物资源的关系. 海洋渔业, 32(3): 313-319.
兰祖荣. 2005. 云斑鮰生物学特性与繁养技术. 当代水产, 30(2): 20.

李高俊，顾党恩，蔡杏伟，等 . 2020. 海南岛“两江一河”淡水土著鱼类的种类组成与分布现状 . 淡水渔业，50(6): 15-22.
李国文，彭锦询，黎惠真，等 . 2005. 雀鳝鱼苗种培育试验 . 内陆水产，30(5): 25-26.
李家乐，董志国，李应森，等 . 2007. 中国外来水生动植物 . 上海 : 上海科学技术出版社 .
李家乐，李思发 . 2001. 中国大陆尼罗罗非鱼引进及其研究进展 . 水产学报，25(1): 90-95.
李家乐，周志金 . 2000. 中国大陆奥利亚罗非鱼的引进和研究 . 浙江海洋学院学报 (自然科学版), 19(3): 261-265.
李明德 . 1999. 中国鱼类系统分类Ⅱ 辐鳍鱼纲 . 海洋通报，18(1): 63-73.
李铭，董卫军，邢迎春，等 . 2006. 温度对克氏原螯虾幼虾发育和存活的影响 . 水利渔业，26(2): 36-37.
李配银，赵春光 . 2017. 巴西龟养殖有学问 . 科学种养，(3): 54.
李思发，陈林，蔡完其 . 2008. 吉奥罗非鱼 (新吉富罗非鱼♀× 奥利亚罗非鱼♂) 和 4 个近缘遗传型罗非鱼的遗传差异的 RAPD、SSR 比较分析 . 水产学报，32(5): 657-664.
李小慧，胡隐昌，宋红梅，等 . 2009. 中国福寿螺的入侵现状及防治方法研究进展 . 中国农学通报，25(14): 229-232.
李雅娟，张明昭，于卓，等 . 2011. 黑龙江泥鳅、北方泥鳅和泥鳅的形态差异分析 . 大连水产学院学报，25(5): 397-401.
梁羡圆 . 1985. 我国新近引进的一种水产贝类养殖新品种 : 大瓶螺 (*Ampullaris gigas* Spix). 海洋湖沼通报，(1): 81-82.
廖国璋 . 1992. 云斑鮰生物学 . 水产科技，(5): 35-36.
林光华，林琼 . 1999. 革胡子鲇 (*Claris lareza*)[应为 Clarias gariepinus] 早期胚胎发育的研究 . 南昌大学学报 (理科版), 23(4): 333-338.
蔺玉华，耿龙武，王信海，等 . 2009. 池塘驯养大鳞鲃某些生物学特性研究 . 天津师范大学学报 (自然科学版), 29(4): 72-75.
刘辉，谢贻发，张修峰，等 . 2008. 罗非鱼对水质的影响 . 生态科学，27(6): 494-498.
刘明华，沈俊宝，张铁齐 . 1992. 黑龙江野鲤、散鳞镜鲤良种选育技术 . 水产学报，16(1): 7-15.
刘明玉 . 2000. 中国脊椎动物大全 . 沈阳 : 辽宁大学出版社 .
刘若思，段波，刘娟，等 . 2020. 非洲大蜗牛形态特征及螺壳制作方法 . 现代农业科技，(5): 197-198.
刘堂水，汪成竹，陈昌福 . 2006. 斑点叉尾细菌性病原的分离与鉴定 . 华中农业大学学报，25(5): 550-554.
马仲波，白俊杰，钱雄光，等 . 1988. 淡水白鲳的属种及其养殖特性 . 水产学报，12(3): 183-192.
倪勇 . 1985. 食蚊鱼 . 水产科技情报，(2): 16-17.
潘炯华，朱洁心，郑文彪，等 . 1982. 蟾胡子鲇的繁殖习性和胚胎发育 . 动物学杂志，17(6): 19-23.
潘晓云，耿宇鹏，Sosa A, 等 . 2007. 入侵植物喜旱莲子草 : 生物学、生态学及管理 . 植物分类学报，45(6): 884-900.
彭绍臣 . 2001. 锦鲤的生物学特性及池塘养殖技术 . 内陆水产，26(11): 39-40.
任明迅，张全国，张大勇 . 2004. 入侵植物凤眼蓝繁育系统在中国境内的地理变异 . 植物生态学报，

28(6): 753-760.
沈国军, 徐正浩, 俞谷松 . 2005. 空心莲子草的分布、危害与防除对策 . 植物保护, 31(3): 14-18.
沈兰 . 2011. 入侵物种红耳龟沙门氏菌携带率及对环境影响的研究 . 海南师范大学硕士学位论文 .
石琼, 范明君, 张勇 . 2015. 中国经济鱼类志 . 武汉 : 华中科技大学出版社 .
王代昌 . 2005. 非洲大蜗牛生物学特性及防治方法 . 中国农技推广, (10): 46.
王德星, 滕瑜, 王彩理 . 2003. 俄罗斯鲟生物学特征及海养技术 . 科学养鱼, 25(10): 33.
王焕章 . 2010. 巴西彩龟养殖技术 . 齐鲁渔业, 27(12): 43-44.
王晓梅, 戴伟, 许童, 等 . 2005. 丁鲹肠道及肝胰脏组织学研究 . 水产科学, 24(3): 13-15.
吴常文, 江成国, 陈国业 . 2006. 海水养殖杂交鲟的行为习性 . 应用生态学报, 17(2): 320-324.
伍献文, 曹文宣, 易伯鲁, 等 . 1982. 中国鲤科鱼类志 (下卷). 上海 : 上海科学技术出版社 .
熊炎成 . 2007. 匙吻鲟人工养殖技术讲座 (一). 匙吻鲟的生物学习性与渔业价值 . 内陆水产, 32(2): 21-22.
徐海根, 强盛 . 2004. 中国外来入侵物种编目 . 北京 : 中国环境科学出版社 .
徐海根, 王建民, 强胜, 等 . 2004. 外来物种入侵生物安全遗传资源 . 北京 : 科学出版社 .
许品章 . 2004. 水中活宝石 : 锦鲤观赏鱼简介 . 海洋世界, (4): 47.
严国安, 任南, 李益健 . 1994. 环境因素对凤眼莲生长及净化作用的影响 . 环境科学与技术, (1): 2-5+27.
杨凤梅, 郑舒含, 关晓银, 等 . 2022. 空心莲子草的生物学特性及利用价值研究进展 . 现代农业科技, (22): 99-103+107.
杨晓鸽, 危起伟, 杜浩, 等 . 2013. 可见植入荧光标记和编码金属标对达乌尔鳇标志效果的初步研究 . 淡水渔业, 43(2): 43-47.
杨叶欣, 胡隐昌, 李小慧, 等 . 2010. 福寿螺在中国的入侵历史、扩散规律和危害的调查分析 . 中国农学通报, 26(5): 245-250.
游意 . 2016. 非洲大蜗牛的分布、传播、为害及防治现状 . 广西农学报, 31(1): 46-48.
于明坚, 丁炳扬, 俞建, 等 . 2004. 水盾草入侵群落及其生境特征研究 . 植物生态学报, 28(2): 231-239.
乐佩琦 . 2000. 中国动物志 硬骨鱼纲 鲤形目 下卷 . 北京 : 科学出版社 .
张吉鹍 . 2010. 凤眼莲的生物学特性及其对鄱阳湖湿地生态环境的潜在危害 . 江西畜牧兽医杂志中国奶牛, (6): 28-31.
张静, 张劲松, 刘园园, 等 . 2014. 罗非鱼与清道夫鱼温泉水混养试验 . 河北渔业, (5): 36+49.
张觉民 . 1995. 黑龙江省鱼类志 . 哈尔滨 : 黑龙江科学技术出版社 .
张铭 . 2001. 淡水白鲳细胞建系及其生长温度特性的研究 . 生物工程学报, 17(1): 105-108.
张铭汉 . 1993. 斑点叉尾的生物学特征及其养殖技术试验 . 重庆水产, (1): 36-38.
张群 . 2012. 水生植物 : 水盾草 . 园林, (8): 74-75.
张世义 . 2001. 硬骨鱼纲鲟形目 海鲢目 鲱形目 鼠鱚目 . 北京 : 科学出版社 .
张四春, 符世伟, 夏黎亮, 等 . 2014. 花鲈鲤池塘人工驯养试验 . 现代农业科技, (21): 261-262.
张涛, 周剑光, 张林, 等 . 2022. 大鳞鲃形态特征及其同工酶电泳分析 . 中国渔业质量与标准, 12(4): 27-35.

中国水产科学研究院东海水产研究所，上海市水产研究所 . 1990. 上海鱼类志 . 上海：上海科学技术出版社 .

周景梅，李杰 . 2014. 施氏鲟成鱼养殖技术 . 黑龙江水产，(4): 35-38.

周卫川，陈宝钦，蔡金发，等 . 1989. 注意加强对玛瑙蜗牛的检疫 . 植物检疫，3(1): 10-13.

朱清澄，唐议 . 2003. 尼罗罗非鱼行为习性及其捕捞渔具的设计 . 水产学报，27(5): 499-503.

朱新平，林礼堂 . 1992. 鲮鱼、麦瑞加拉鲮鱼及露斯塔野鲮酯酶同工酶的电泳研究 . 珠江水产，(5): 33-36.

朱玉芳，崔勇华，戈志强，等 . 2003. 重金属元素在克氏原螯虾体内的生物富集作用 . 水利渔业，23(1): 11-12.

祖岫杰，刘铁钢，李忠强，等 . 2007. 欧洲丁鲹鱼种耗氧率与窒息点的研究 . 大连水产学院学报，22(2): 156-158.

Andrey P S, Anastassia A M, Joshua A I. 2007. Comparison of biology of the Sakhalin sturgeon, Amur sturgeon, and kaluga from the Amur River, Sea of Okhotsk, and Sea of Japan biogeographic province. Environmental Biology of Fishes, 79(3-4): 383-395.

Ashton P J, Scott W E, Steyn D J, et al. 1979. The chemical control programme against the water hyacinth *Eichhornia crassipes* (Mart.) Solms on Hartbeespoort Dam: Historical and practical aspects. South African Journal of Science, 75: 303-306.

Evgenii N A, Paul V, Douglas L P. 2007. Morphology and ecology of Pacific sturgeons. Environmental Biology of Fishes, 79: 369-381.

Hensel K, Holcik J. 1997. Past and current status of sturgeons in the upper and middle Danube River. Envir Biol Fishes, 48: 185-200.